中国人民解放军军事科学院
中国人民解放军装甲兵工程学院

军事小天才 丛书 第二辑

最新武器面面观

本书编写组 童思科 林海 李翼鹏 ◎编著

世界图书出版公司
广州·上海·西安·北京

图书在版编目（CIP）数据

最新武器面面观/《军事小天才丛书》编委会编．—广州：广东世界图书出版公司，2009.6（2021.5重印）
（军事小天才丛书）
ISBN 978-7-5100-0659-3

Ⅰ．最… Ⅱ．军… Ⅲ．武器—青少年读物 Ⅳ．E92-49

中国版本图书馆 CIP 数据核字（2009）第 101812 号

书　　名	最新武器面面观
	ZUIXIN WUQI MIANMIAN GUAN
编　　者	《军事小天才丛书》编委会
责任编辑	李　钢　张梦婕
装帧设计	三棵树设计工作组
责任技编	刘上锦　余坤泽
出版发行	世界图书出版有限公司　世界图书出版广东有限公司
地　　址	广州市海珠区新港西路大江冲 25 号
邮　　编	510300
电　　话	020-84451969　84453623
网　　址	http://www.gdst.com.cn
邮　　箱	wpc_gdst@163.com
经　　销	新华书店
印　　刷	三河市人民印务有限公司
开　　本	787mm×1092mm　1/16
印　　张	13
字　　数	160 千字
版　　次	2009 年 6 月第 1 版　2021 年 5 月第 6 次印刷
国际书号	ISBN　978-7-5100-0659-3
定　　价	38.80 元

版权所有　翻印必究

（如有印装错误，请与出版社联系）

光辉书房新知文库
"军事小天才"丛书(第二辑)编委会

主　任：
　　胡光正　中国人民解放军军事科学院军建部部长　少将　博士生导师
　　吴杰明　中国人民解放军国防大学军建与政工教研部副主任　少将　博士生导师
　　芦积才　中国人民解放军装甲兵工程学院副政委　大校

副主任：
　　王　励　中国人民解放军装甲兵工程学院政治部主任　大校
　　于希海　中国人民解放军装甲兵工程学院政治部副主任　大校
　　吴洪东　中国人民解放军总参谋部办公厅编研室主任　大校

委　员：
　　满开红　薛志华　谢武忠　管　严
　　于志刚　唐小平　詹自飞　陈军辉
　　马忠文　夏正如　赵小芒　马永富
　　聂玉宝　白雪峰　贾随刚

执行编委：
　　陈文龙　于　始

"光辉书房新知文库"

总策划/总主编:石 恢

副总主编:王利群 方 圆

本书作者

童思科 中国人民解放军南京陆军指挥学院研究生

林 海 中国人民解放军装甲兵工程学院教研室主任 副教授

李翼鹏 中国人民解放军南京陆军指挥学院研究生

了解军事，认识历史

自从人类开始群居，并形成一定规模的社会组织以来，为了争夺资源和利益，群体间的战争就产生了。为了进行和应对战争，每个群居的利益集团便开始组建一支有效的武装力量来进行攻击和防御，于是，军队就随之诞生了。随着社会生产力的发展，军队逐渐从社会分工中独立出来，成为一个特殊的社会职能部门。

由于战争的存在，人类历史上涌现出了像亚历山大、成吉思汗、拿破仑等伟大的军事统帅，造就了像孙武、克劳塞维茨、杜黑等著名的军事理论家，同时也产生了像特洛伊战争、赤壁之战、诺曼底登陆等经典的战役。在战争中，斯巴达军团、十字军、蒙古骑兵这样的著名军队也随之诞生。

即便时至今日，我们也不断听闻远方国度的凄厉炮声和周边区域的军事对峙。战争从来就没有真正远离过我们，有关军事的话题，也永远是一个常谈常新的话题。那些震撼人心的的经典战役，那些威力惊人的各式武器，那些彪炳史册的血性男儿，那些流芳千古的传奇巾帼，无不引起人们的极大探究兴趣，同时也带给人们无尽的遐想与感叹。

但战争毕竟是人类的悲剧。据不完全统计，人类有史以来发生过的战争总次数已达上万次，高达数十亿的人口在战争中直接死亡，而在战争中所损毁和消耗掉的财富总量，则更是无法估计。只有那些经历过战争残酷的人，才真正了解战争。他们知道，在这些伟业和功勋的背后，是数不尽的杀戮和掠夺、死亡和伤残、仇恨和敌对。不论是蒙昧愚蛮的远古，还是自诩进步文明的当今，这种状况一直不曾改变。

人类的战争包含着人类历史上诸多问题的答案，同时也充满着许多耐人寻味的不解之谜。了解军事，就是了解人类自身的过去、现在和未来。军事战争并不是什么令人欣慰的事情，和平才是当今世界的主流，是人类共同的永恒追求。

本着这样的想法，我们为广大的青少年读者朋友们编写的"军事小天才"系列丛书，旨在结合当前青少年朋友各学科知识传授的实际，丰富同学们的军事知识，拓展同学们的军事视野，从而更加热爱和平。并在此基础上培养同学们的国防意识，努力在新世纪里成为祖国合格的建设者和保卫者。

本丛书是"军事小天才"系列的第二辑，共包含10册图书，分别为：《影响中国历史进程的经典战役》、《改变世界历史进程的经典战役》、《最新武器面面观》、《世界各国的特种部队》、《21世纪的反恐战争》、《未解的悬案——世界军事之谜》、《世界军事史上著名的"远征"》、《伟大的军事统帅》、《战争中的女性》、《真实的谎言——战争的借口》。

丛书编委会成员和相当部分作者，来自于中国人民解放军军事科学院和中国人民解放军装甲兵工程学院。中国人民解放军军事科学院是我军专业的军事科学研究机构，是全军军事科学的研究中心和计划协调中心。而解放军装甲兵工程学院是全国重点工科院校和全军综合性大学之一，是我军培养装甲机械化部队工程技术军官和指挥军官的最高学府。来自这两个机构的编委会成员和作者们，不仅具有扎实的军事理论素养，而且还具有宝贵的部队实践经验，他们在书中无论叙述还是评析，都具有极强的专业性和极高的准确性。这是本套丛书的优势所在。

愿广大青少年读者朋友们能通过这套丛书，了解军事，认识历史，为人类的和平与发展事业，做好自己充分的准备！

中国人民解放军军事科学院军研部部长　少将

目 录

引 言 ·· 1

第一章 装甲车辆 ·· 3

第一节 概述 ·· 3

第二节 坦克 ·· 4

第三节 步兵战车 ·· 17

第四节 装甲输送车 ·· 22

第二章 火炮 ·· 26

第一节 概述 ·· 26

第二节 榴弹炮 ·· 27

第三节 加农榴弹炮 ·· 34

第四节　火箭炮 …………………………………… 37

第五节　迫击炮 …………………………………… 41

第三章　轻武器 …………………………………… 45

第一节　概述 ……………………………………… 45

第二节　手枪 ……………………………………… 46

第三节　步枪 ……………………………………… 49

第四节　冲锋枪 …………………………………… 53

第五节　机枪 ……………………………………… 56

第六节　榴弹发射器 ……………………………… 59

第七节　火箭筒 …………………………………… 62

第四章　战斗舰艇 ………………………………… 66

第一节　概述 ……………………………………… 66

第二节　航空母舰 ………………………………… 69

第三节　巡洋舰 …………………………………… 78

第四节　驱逐舰 …………………………………… 81

第五节　护卫舰 …………………………………… 89

第六节　导弹艇 …………………………………… 100

第七节　水雷战舰艇 ·· 104

第八节　登陆作战舰艇 ·· 106

第九节　潜艇 ·· 113

第五章　作战飞机 ··· 121

第一节　概述 ·· 121

第二节　战斗机 ·· 123

第三节　轰炸机 ·· 133

第四节　攻击机 ·· 136

第五节　战斗轰炸机 ·· 138

第六节　电子战飞机 ·· 142

第七节　侦察机 ·· 145

第八节　预警机 ·· 149

第九节　武装直升机 ·· 153

第六章　导弹 ··· 165

第一节　概述 ·· 165

第二节　地地导弹 ·· 168

第三节　地空导弹 ·· 172

第四节　空空导弹 …………………………………… 176

第五节　空地导弹 …………………………………… 180

第六节　其它导弹 …………………………………… 182

第七章　核化生武器 …………………………………… 188

第一节　核武器 ……………………………………… 188

第二节　化学武器 …………………………………… 193

第三节　生物武器 …………………………………… 196

引 言

当前，国际形势虽然总体趋于缓和，但是世界并不平静，战争的威胁并没有消除。一方面，我国周边局势并不十分稳定，边界领土问题依然存在，反分裂斗争依然严峻。我国与日本关于钓鱼岛、与印度关于边界领土、与东南亚一些国家关于南海岛屿的主权争议还待解决。另一方面，随着国际间经贸活动的增多，国与国的利益冲突在所难免。中国科学院公布的数字显示，2008年全球共发生30起局部战争和武装冲突。

中国是爱好和平的国家，为了捍卫主权和领土完整，为了维护国家利益，为了促进世界和平，就不得不认真对待战争的问题。中华民族为了实现国家的富强和民族的复兴，在加强经济建设的同时必须重视国防建设的发展，必须加深对战争问题的研究。

仔细研究海湾战争、科索沃战争、阿富汗战争、伊拉克战争等现代战争，就会发现这样一个事实：高技术武器的较量是现代战争的显著特征，谁的武器的高技术含量越高，谁就有可能赢得战争的主动权。在伊拉克战争中，美英联军出动了一系列高技术武器，其中包括世界上最先进的现役坦克M1A2、美军全数字化的步兵战车M2A3、速度最快的武装直升机AH－64D"长弓阿帕奇"、装载精确制导炸药的B－2"幽灵"轰炸机、"全球

鹰"无人侦察机、"里根"号等6艘航空母舰、"海狼"级攻击核潜艇、"提康德罗加"级巡洋舰、"阿利·伯克"级驱逐舰、"战斧"巡航导弹等。在这些先进武器的推动下，战争只进行了40多天美军就基本达成了其战略目的。

同时我们也注意到，研制先进武器的较量不单靠军事领域的竞争，更是经济领域、文化领域、社会领域的全面比拼，因此人民在各自工作岗位上的每一个进步都有可能对武器发展、对国防事业有一定的意义。

本书分装甲车辆、火炮、轻武器、战斗潜艇、作战飞机、导弹、核化生武器七部分介绍了当今世界较为先进的武器装备，介绍了各类武器的定义、分类、组成、发展趋势，搜集了较为先进的现役武器100余件，从中我们既能了解我国武器发展的成就，也可以认清与发达国家存在的差距。既应有一种民族自豪感，又要有发展国防科技的紧迫感，进而化作努力学习、掌握各种本领的一种动力。

第一章　装甲车辆

第一节　概　述

装甲车辆(armored vehicle)是指具有装甲防护的军用车辆,是现代陆军的重要装备和地面作战的主要突击兵器。坦克是装甲车辆中的基本车种,其发展改进对其他装甲车辆具有重大影响。

分类

按作战用途不同,装甲车辆可分为战斗车辆和保障车辆两大类。战斗车辆包括:坦克、步兵战车、装甲输送车、导弹发射车、装甲侦察车、装甲指挥车、装甲通信车等。保障车辆包括:装甲架桥车、装甲扫雷车、装甲布雷车、装甲工程车、装甲抢救车、装甲修理车、坦克保养工程车、装甲补给车、装甲救护车等,车上分别装有不同用途的特种设备。本书主要介绍装甲战斗车辆中的主要种类:坦克、步兵战车、装甲输送车。

按行动装置类型,装甲车辆可分为履带式和轮式两大类(历史上也曾出

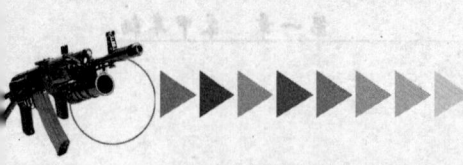

现过半履带式装甲车辆）。履带式装甲车辆的优点是越野机动性能好，防护性和承载能力强，缺点是推进装置重量大、效率低、维修费用高，对路面破坏程度大。轮式装甲车辆具有公路机动性好、油耗低、噪声小、寿命长、使用经济、适于高速长途机动等优点，但越野通行能力和承载能力均不如履带式装甲车辆。

组成

装甲车辆通常由武器系统、推进系统、防护系统、通信设备、电气设备及其他特种设备和装置组成。装甲战斗车辆上一般装有火炮、机枪、导弹等武器，用于执行不同的作战任务。为保护乘员、载员及车内设备、机件免受或减轻各种武器的伤害和破坏，装甲车辆通常都有密封的全装甲防护、三防装置和灭火装置，并采取了相应的伪装措施。坦克及采用坦克底盘改装的装甲车辆，防护性能较好，可抵御一般炮弹的攻击，其他装甲车辆一般只能抵御枪弹和炮弹破片的攻击。较轻的装甲车辆多具有两栖能力，有的还可以空运、空投。

第二节 坦 克

坦克（tank）是指具有强大直射火力、高度越野机动性和坚强装甲防护的履带式装甲战斗车辆。坦克一词是英语"tank"的音译。它是地面作战的主要突击兵器和装甲兵的基本装备。主要用于同敌方坦克和其他装甲车辆作战，也用于压制、消灭反坦克武器，摧毁野战工事，歼灭有生力量。

分类

20世纪60年代以前,坦克多按战斗全重和火炮口径分为轻型、中型和重型。轻型坦克重10~20吨,火炮口径不超过105毫米;中型坦克重20~40吨,火炮口径最大为105毫米;重型坦克重40~60吨,火炮最大口径为122毫米。在英国,还曾一度将坦克分为步兵坦克和巡洋坦克。步兵坦克装甲较厚,机动性能较差,用于伴随步兵作战;巡洋坦克装甲较薄,机动性能较强,主要用于机动作战。20世纪60年代以来,多数国家将坦克按用途分为主战坦克和特种坦克。主战坦克是现代装甲兵的主要战斗兵器,用于完成多种作战任务特种坦克装有特殊设备,担负专门的任务,如侦察坦克、空降坦克、水陆坦克等。

组成

坦克一般由武器系统、推进系统、防护系统、通信系统、电气设备以及特种设备和装置组成。

战术技术性能。现代主战坦克,战斗全重多在40~70吨,乘员通常为4人,分别担负指挥、射击、驾驶、通信等任务。装有自动装弹机的坦克,可以减少1名乘员。火炮口径105~125毫米,炮弹基数40~60发,有些坦克炮还能发射导弹。发动机功率550~1100千瓦,最大速度55~72千米/小时,越野速度30~55千米/小时,最大行程300~650千米,最大爬坡度30°左右,越壕宽2.7~3.2米。坦克正面通常可防御垂直穿甲能力为350~600毫米反坦克弹药的攻击。

简史

第一次世界大战期间,交战双方为突破由堑壕、铁丝网、机枪火力点组成的防御阵地,迫切需要研制一种将火力、机动、防护三者有机结合的新式

武器。1915年,英国政府采纳了E.D.斯文顿的建议,利用汽车、拖拉机、枪炮制造和冶金技术,试制出坦克样车。1916年研制成功Ⅰ型坦克,其外廓呈菱形,车体两侧履带架上有突出炮座,两条履带从顶上绕过车体,车后伸出一对转向轮。1916年9月15日,有49辆Ⅰ型坦克首次投入索姆河战役。第一次世界大战期间,英国、法国和德国共制造了近万辆坦克,主要有英国Ⅳ型、法国"雷诺"FT-17、德国A7V等。这些坦克性能较差,行驶颠簸严重、机械故障多、乘员工作条件恶劣。两次世界大战之间,一些国家根据本国的作战指导思想,研制、装备了多种型号的坦克,如苏联的T-28、英国的"马蒂尔达"、法国的"雷诺"R-35、德国的PzKpfwⅡ等。这一时期坦克战斗全重多为9~28吨,单位功率5.1~13.2千瓦/吨,最大速度20~43千米/小时,最大装甲厚度25~90毫米,火炮口径37~47毫米。

第二次世界大战初期,法西斯德国首先集中使用大量坦克,实施闪击战,取得了较好的战绩。大战中、后期在苏德战场上曾多次出现了有数千辆坦克参加的大会战,在北非战场以及诺曼底战役、远东战役中,也有大量的坦克参战。这一时期的坦克主要有苏联T-34、美国M4、英国"丘吉尔"、德国"虎"式及日本97式等。战后至50年代,苏、美、英、法等国设计制造了新一代坦克,主要有苏T-54中型、T-55中型、T-10重型和PT-76水陆坦克,美M-48中型、M-47轻型坦克,英"百人队长"中型,法AMX-13轻型。60年代,苏美英、法等国设计制造的新一代坦克,其火力、防护、机动性能都达到或超过了以往重型、中型坦克的水平,从而形成了具有现代特征的战斗坦克,即主战坦克。如苏联T-62、美国M-60A1、英国"酋长"、法国AMX-30、联邦德国"豹"Ⅰ等。这些坦克普遍配用脱壳穿甲弹、聚能装药破甲弹和碎甲弹,采用火炮双向稳定器、红外夜视夜瞄仪器、大功率柴油机或多种燃料发动机、三防装置和潜渡设备,有的还安装了激光测距仪、机电模拟式火控计算机等。70年代以来,各国通过采用各种新技术,显著提高置和潜渡设备,有的还安装了激光测距仪、机电模拟式火控计算机等。

70年代以来,各国通过采用各种新技术,显著提高了坦克的总体性能,使其更加适应现代战争要求。例如,苏联T-90、美国M1、英国"挑战者"、法国"勒克莱尔"、德国"豹"Ⅱ、日本90式和以色列"梅卡瓦"等,都是比较杰出的坦克。这些坦克武器系统多采用120~125毫米口径坦克炮,配用尾翼稳定脱壳穿甲弹和多用途弹。推进系统多采用废气涡轮增压的多种燃料发动机或燃气轮机。传动装置多采用电液操纵、静液转向的双功率转向机构。行动装置普遍采用带液压减震器的扭杆式悬挂装置,有托带轮的小直径负重轮和销耳挂胶的橡胶金属履带推进装置,有的坦克采用液气式悬挂装置。坦克综合防护能力也较以前有很人提高。

进入20世纪以来以来,各国加紧了研制的步伐,进一步开发新型的主战坦克,其中有代表性的是美国的M1A2主战坦克、俄罗斯的T95主战坦克、日本的TK-X主战坦克、以色列的"梅卡瓦"Ⅳ型主战坦克、英国"挑战者"Ⅱ型主战坦克、韩国XK2黑豹主战坦克。

中国于20世纪50年代后期开始生产59式中型坦克,在50年代末至60年代初,先后设计制造出62式轻型坦克和63型水陆两用坦克。70~80年代间,研制了59式坦克改进型、69式、79式和88式主战坦克。20世纪末,先后装备了96式和99式主战坦克。

发展趋势

未来战争中,坦克仍将是地面作战的重要突击兵器,当今世界各军事强国正根据本国情况,努力发展新一代主战坦克。坦克总体结构将有突破性变化，如采用外置火炮式、无人炮塔式等布置型式。火炮口径有进一步增大趋势，火控系统将更加先进和完善，动力－传动装置的功率密度将进一步提高，各种主动和被动防护技术、电子对抗技术及战场信息管理技术将逐步在坦克上推广使用。新型坦克的摧毁力、生存力和适应性将有大幅提高。

德国豹 2A6 主战坦克

该坦克是德国在豹 2 坦克基础上研制的新一代主战坦克，1998 年首次亮相，是世界上较先进的坦克之一。

德国豹 2A6 主战坦克

该火炮装备一门 55 倍口径的 120 毫米滑膛炮，炮口初速达到 1750 米/秒，使用钨合金弹，在常温状态下穿深达 900 毫米。射程 5000 米，为目前射程最远的坦克火炮。火控系统先进，反应时间 6 秒。另有 1 挺 MG3A1 式 7.62mm 并列机枪，安装在火炮左侧，射速为 1200 发/分；一挺 MG3A1 式 7.62mm 高射机枪，用于防空，高低射界为 -10°～+75°。

装备 MTU 公司研制的 MB873Ka-501 型 4 冲程 12 缸 V 型 90°夹角水冷预燃室式增压中冷柴油机，是目前世界上最好的柴油发动机之一。发动机功率 1100 千瓦，最大行程 550 公里，最大速度 72 公里/小时。具有比较好的加速性能，从零加速到 32 公里/小时仅需 6 秒。

豹 2A6 的突出特点是对地雷的防护能力达到了世界领先水平，这些组件包括安装在坦克底板下的附加被动装甲、新型车体逃离舱口、改进的驾驶员、车长、炮手和装填手座椅等。

俄罗斯 T–90 主战坦克

该坦克是俄罗斯乌拉尔车辆制造厂研制的主战坦克。1994 年开始小批量生产，1995 年装备部队，1997 年首次公开亮相。主要装备俄陆军机械化步兵分队和坦克分队。有 T–90（基本型）、T–90S（出口型）和 T–90SK（指挥型）等型号。

T–90 坦克基本型，战斗全重约 46.5 吨，乘员 3 人。主要武器为 1 门 2A46M125 毫米滑膛炮，配有自动装弹机，可发射高速尾翼稳定脱壳穿甲弹、尾翼稳定破甲弹、杀伤爆破弹、榴霰弹和 AT–Ⅱ"目击手"反坦克导弹，弹药基数 43 发（含 4 枚反坦克导

俄罗斯 T–90 主战坦克

弹）。发射导弹时使用专门的火控系统，自动装弹机装弹，导弹为激光驾束制导，射程 100～5000 米。辅助武器为 12.7 毫米高射机枪和 7.62 毫米并列机枪各 1 挺，弹药基数分别为 300 发和 2000 发。配用 1A4.5T 指挥仪式火控系统，由炮长瞄准镜、车长昼夜观察瞄准镜、火控计算机和双向稳定器等组成，具有行进间对运动目标射击的能力。炮长稳像瞄准镜在主动和被动工况下的目标识别距离分别为 1200 米和 1500 米，车长昼夜观察瞄准镜在主动和被动工况下的目标识别距离为 700 米和 800 米。首次装备了"窗帘"光电对抗系统，可对敌方带有激光目标指示或激光测距仪的火控系统实施干扰，

有效降低被激光制导反坦克导弹命中的概率。动力装置为1台四冲程12缸多种燃料发动机,功率为618千瓦。主油箱和副油箱的总容量1600升,最大速度60千米/小时,公路最大行程650千米,土路最大行程500千米。经20分钟准备可潜渡5米深的江河。使用复合装甲和反应装甲组合体,车上装有扫雷装置和三防装置。

俄罗斯T-95主战坦克

该坦克是俄罗斯正在研制中的第四代主战坦克,计划2009年下半年装备部队。T95吸收了现役T-90和T-80U型坦克的各种优点,并赋予更多特种性能。据俄罗斯称,T-95的技术性能在许多方面上已超过了美国正在研制的新型主战坦克。

俄罗斯T-95主战坦克模型

T-95装备着世界最大口径的135毫米滑膛坦克炮,是世界各国主战坦克中口径最大的主炮。配备有新型自动装弹机和先进的火控系统,T-95在运动中射击的命中率接近于静止间射击的命中率。

T-95的发动机为GTD-1250型燃气轮机的改进型,公路最大速度超过75公里/小时,最大行程达700公里,并具有优异的越野能力。

T-95不设传统炮塔,只在坦克后部装置了小口径自动炮塔,减少了车体正面面积,增加了坦克隐形能力。安装了新型爆炸式反应装甲,现役120毫米坦克炮都在两公里射程内不能正面贯穿它,能抵御装有串联弹头的反坦克武器的攻击。T-95坦克还将安装主动防御系统,能拦截、摧毁来自任何方向的以70~700米/秒速度飞行的各型来袭反坦克武器。

韩国XK2黑豹主战坦克

该坦克韩国国防科学研究所(ADD)研究的最新一代主战坦克,于2007年3月2日公开亮相。ADD战车体系部长金义焕博士形容它是"全世界技术水平最高的"一种主力战地坦克,因为它拥有对付来犯导弹和飞机的主动性防御系统,自动追踪和装填弹药系统,主动性悬架系统和高度的水底机动能力。

XK2的额定乘员为3人,战斗重量为55吨,发动机功率1500马力,最高时速70公里每小时,越野速度每小时超过50公里。

配备的武器包括120毫米口径的滑腔主炮,能够自动装填弹药和每分钟可以发射多达十五发炮弹的能力。一个独

韩国XK2黑豹主战坦克

特的系统令它可以在移动中发炮,即使在地势崎岖的地方亦不受影响。而特制的悬架系统使它可以"坐"、"站"、"跪",这样战车主炮在下山时亦能发射。

XK2装备有韩国研发的"聪明攻击炮弹",该炮弹拥有制导和避开障碍的能力,还可以击中隐藏的目标。另一项号称世界首创的功能就是可利用一个水下通气管迅速潜入水中达4.1米的深度,一旦浮出水面后就可以立刻

投入战斗。

XK2将于3年内进入大规模生产阶段，军方将于2011年接收数目未明的"黑豹"坦克。"黑豹"的售价为880万美元一辆，生产商也将接受外国订单。

美国M1A2主战坦克

该坦克是美国通用动力公司生产的主战坦克，是当今世界上最先进的主战坦克之一。M1A2是M1系列的最新改进型，改进主要包括火控系统、提高生存能力、大量采用车辆电子装置和提高机动性等4大项。1993年开始装备部队。

M1A2主战坦克

M1A2主战坦克重69.54吨，车全长9.830米，车宽3.658米。燃气轮机1500马力，最大速度66公里/小时，越野速度48.3公里/小时，最大行程434公里。主要武器为120毫米滑膛炮和7.62毫米并列机枪，车长武器12.7毫米机枪，越垂直墙高1.066米，越壕宽2.743米，成员4人。

该坦克首次安装了车长独立热像仪，这是该坦克的主要特征之一，使坦克具备了猎-歼作战能力，大大提高坦克在能见度很低情况下与敌交战能力。改进了车长和炮长的显控装置，提升资料处理及应战效率。车长与炮长的瞄准仪上均安装了稳定器，进一步提高了行进间射击性能。M1A2坦

还采用了 CO_2 激光测距仪,该测距仪工作波长与热像仪相同,测距范围加大,穿透烟幕和尘烟能力更强,对人眼也较安全。配备了新近的战场管理系统(BMS),能自动地提供双方部队位置、后勤信息、目标数据和命令等。M1A2 配备了自主导航系统,通过 GPS 卫星定位系统能快速准确标定本身所在方位。发动机加装了数字电子控制装置,提高了省油性和可靠性

日本 90 式主战坦克

该坦克是日本三菱重工业公司生产的主战坦克。1990 年 8 月 6 日设计定型,1991 年开始装备日本陆上自卫队。至 1997 年底共装备 150 余辆。是世界上最早实现 3 人乘员组的主战坦克之一,采购单价高达 800 万美元,是当时世界上最昂贵的主战坦克。

90 式主战坦克,战斗全重 50 吨,乘员 3 人,车长 9.7 米,车宽 3.4 米,车高 2.3 米。采用 1 门口径为 120 毫米的滑膛炮,配用尾翼稳定脱壳穿甲弹和多用途弹。使用尾翼稳定脱壳穿甲弹可在 2000 米距离上穿透 500 毫米的均质钢装甲。辅助武器

日本 90 式主战坦克

为 12.7 毫米高射机枪和 7.62 毫米并列机枪各 1 挺。装有目标自动跟踪系统,有效提高了首发命中率和对运动目标的射击速度。

日本TK-X主战坦克

该坦克是日本制钢所生产的第四代新型主战坦克。日本防卫省2008年2月13日首次展出该型坦克的样车。日本防卫省称这是一种"具有随着技术进步而灵活扩展的多用途信息化坦克"。日本陆上自卫队计划从2010年开始装备该型坦克。

日本TK-X主战坦克

TK-X坦克全重约44吨,全长9.4米,宽3.2米,乘员3人。采用了与90式相似的44倍口径120毫米滑膛炮,并配备能在夜间及恶劣天气条件下准确射击的火控系统。与主炮搭配的并列机枪采用了7.62毫米74式机枪,而车长操控的机枪则是M2 12.7毫米机枪。采用的是可快速拆卸的外装式模块化复合装甲,符合未来装甲模块化发展的趋势,方便坦克根据不同的作战任务换用不同类型装甲,同时也大大方便了维修、装甲升级和战略输送。

由于研发TK-X是为了确保日军在未来的坦克对战和反游击队、特种部队等新威胁的作战中处于优势地位,因此在设计上,该坦克加装了系统,提高了火力、防护力和战术机动能力。此外,为了提高战略机动能力和复杂地形作战能力,该坦克在重量和体积上都比90式有所减少。并且吸取了原有坦克开发经验和教训,TK-X还预留了可适应未来技术变革的升级空间。

以色列"梅卡瓦"Ⅳ型主战坦克

该坦克是以色列军械厂生产的主战坦克。2002年6月,在耶路撒冷举行的一次武器展示会上,以色列国防部向外界首次展出。"梅卡瓦"Ⅳ型坦克,是"梅卡瓦"系列坦克的最新发展型,战斗全重高达65吨,是世界上最重的主战坦克之一。与Ⅲ型相比,Ⅳ型换装了德国制造的发动机和变速箱,火炮能发射炮射导弹。

"梅卡瓦"Ⅳ型采用"梅卡瓦"Ⅲ型的120毫米滑膛炮,但反后坐装置已改用压缩气体作为储能元件,并且使用了新的热防护套,导热性更为均匀,使炮管温度变化所导致的形变更小,从而提高了火炮的射击精度。辅

以色列"梅卡瓦"Ⅳ型主战坦克

助武器7.62毫米机枪以及1门60毫米内置迫击炮。选用60毫米迫击炮作为辅助武器是"梅卡瓦"坦克的一大特色,该炮可从后膛装弹,弹道弯曲,在城市作战中可杀伤隐藏于建筑物后面的武装人员。

"梅卡瓦"Ⅳ型坚持了"梅卡瓦"坦克"防护第一"的设计制造原则,保持了模块式复合装甲和坦克动力舱前置,保持了防护优点。

中国99式主战坦克

该坦克是我国于20世纪90年代中后期研制的主战坦克,是目前我军最

新型的主战坦克,也是我军真正意义上的三代主战坦克,99年国庆大阅兵上首度亮相,被称为中国的陆战王牌。

中国99式主战坦克

99式与M1A2、豹2A6或者90式相比,在火力和防护力上相差不远,甚至在某些方面占优势,但是在机动能力上还有一定差距。

由于采用了先进的计算机稳像式火控系统,99式坦克具备了在行进中对活动目标的射击能力,首发命中率在90%以上。

第三节 步兵战车

步兵战车(infantry fighting vehicle)是指供步兵机动和作战用的装甲战斗车辆。主要用于协同坦克作战,也可独立遂行战斗任务。在机械化步兵部队中,装备到步兵班。步兵可乘车战斗,也可下车战斗。步兵下车战斗时,乘员可用车上武器支援其行动。

分类

步兵战车按行动装置型式可分为履带式和轮式两种。履带式步兵战车的越野性能好,生存能力强,是各国装备的主要车型。轮式步兵战车的造价低,公路行驶速度快,有的国家已少量装备部队。

组成

步兵战车由推进系统、武器系统、防护系统、通信设备和电气设备等组成。车体前部通常为驾驶室和动力 – 传动装置,车中部为炮塔,车体后部为步兵战斗室。有的步兵战车在战斗室两侧及尾门上均开有射击孔,并装有观察装置,可供步兵乘车战斗。

步兵战车战斗全重多为12~28吨,乘员2~3人,载员6~9人。车载主要武器通常为1门20~40毫米的机关炮或1~2挺机枪,有的还带有反坦克导弹发射器。车载武器大都有专用的火控系统,配有观察瞄准仪器、双向稳定器、激光测距仪和热像仪。其火力通常能毁伤轻型装甲目标和低空目标,并具有一定的反坦克能力。车载机关炮可发射穿甲弹和杀伤弹等弹种,最大射程 2000～4000 米。车载反坦克导弹的射程为 3000～4000 米,破甲厚度 400～800 毫米。履带式步兵战车的发动机功率为 221～441 千瓦。陆上最大速度 60～75 千米/小时,水上最大速度 6～10 千米/小时,陆上最大行程可达 600 千米,最大爬坡度约 32°,越壕宽 1.5～2.5 米,过垂直墙高 0.6～1 米。

简史

1954 年,法国利用 AMX-13 轻型坦克底盘研制出一种装甲输送车,载员舱两侧及尾门上开设有射击孔,步兵可在车内进行射击,从而实现了步兵乘车作战的思想。这种名为 AMX-VCI 的装甲车,成为后来步兵战车的雏形。20 世纪 60 年代,苏联及西方一些国家相继开始研制步兵战车。1967 年,苏军首先展示了 BMP-1 步兵战车。该车战斗全重轻,火力较强,并具有三防和水陆两用功能,是当时设计得比较完善的一种步兵战车。70 年代初,联邦德国和法国军队分别装备了"黄鼠狼"步兵战车和 AMX-10P 步兵战车。"黄鼠狼"步兵战车在火力、机动性和防护方面有许多独特的考虑,可以有效地与主战坦克配合作战;AMX-10P 步兵战车上虽然安有车载机关炮,但车体两侧没有射击孔和观察装置,仍以输送步兵为主,步兵乘车作战能力较差。

80 年代,步兵战车得到迅速发展,出现了多种步兵战车。如苏联 BMP-2 步兵战车,美国 M2"布雷德利"步兵战车,英国"武士"步兵战车,以及日本 89 式步兵战车等。进入 90 年代,一些国家在发展履带式步兵战车的同时,还发展了轮式步兵战车,步兵战车的火力、机动力和防护性能都有较大提高。例如,苏联 BMP-3 步兵战车,其主要武器为 1 门 100 毫米两用线膛炮,既可发射常规炮弹,又可发射反坦克导弹,火力性能较以前步兵战车有较大改变。再如,瑞典研制的 CV90 步兵战车,主要武器为 1 门 40 毫米机关炮,在车体和炮塔上还安装了附加装甲,防护性能有了很大改进。中国生产的第一种步兵战车是86式步兵战车。

发展趋势

进一步加强火力和生存力,提高使用维修性能,增大车载火炮口径,提高反坦克能力,装备性能更加先进的反坦克导弹,并能对付来自空中目标的威胁。可以预见,随着现代军事技术的发展和应用,步兵战车的整体性能将有更大的提高。

德国"美洲狮"步兵战车

该车是德国卡塞尔工厂研制的步兵战车,2005年10月第一辆样车研制成功,2007年开始全面生产,到2009年底将生产1100辆。

德国"美洲狮"步兵战车

"美洲狮"布局遵循常规设计,前方左侧为驾驶舱,前方右侧为动力装置,中间是并排而坐的车长(右)和炮长(左)。车上乘员为3名(车长、炮长和驾驶员),每名乘员都有自己的观察设备。后部的载员舱可载运8名全副武装的士兵,通过后部的电控跳板门上下车,载员舱内设有射击孔。

"美洲狮"A级重31.45吨。车体中部安装遥控炮塔,配用新型"毛瑟"MK 30-2/ABM式30毫米双路供弹自动炮和MG4式5.56毫米同轴机枪。自动炮可发射两种30毫米弹药,分别为尾翼稳定脱壳穿甲弹和最新的空爆弹。空爆弹配用可编程引信,使弹药在目标上空爆炸,达到最佳的毁伤效果。

车辆配有三防系统、空调、火灾探测与灭火抑爆系统,并装备战场敌友识别系统、指挥、控制与通信系统。该装甲组件可360°抵御14.5毫米枪弹,以及空心装药战斗部炮弹的攻击,可至少抵御10千克重的爆炸成型弹丸战斗部地雷的攻击。全部附加装甲组件都可实现快速安装。

美国AAV7两栖突击车

该装甲车是美国FMC公司生产的履带式两栖装甲突击车。除美国外,还出口到韩国、泰国、菲律宾和意大利等国。

美国AAV7两栖突击车

AAV7两栖突击车,战斗全重22.84吨,乘员3人,分别为车长、驾驶员和机枪手,载员25人,车长7.94米,车宽3.26米,车高3.26米。武器为1挺12.7毫米机枪。采用1台底特律8V53T8缸水冷涡轮增压柴油机,功率为294千瓦。配用液力机械传动装置、扭杆套筒悬挂装置和液压减震器,车体两侧各有6个负重轮。燃料总容量681升,最大速度64.4千米/小时,最大行程482千米,水上行驶时,用喷水推进器推进,最大速度13.5千米/小时,越壕宽2.44米,过垂直墙高0.91米。车体为铝合金焊接结构,装甲厚度为30~45毫米,车内无三防装置,但装有红外夜视仪、导航设备及防寒设备等。

改进型AAV7A1主要改进了动力传动装置和灭火系统,增装了烟幕施放装置、镶嵌式附加装甲和被动式夜视、夜瞄装置等。

中国 97 式步兵战车

该车于 97 年研制成功,现已装备我军部分部队,主要用于登陆作战。

该车采用传统步兵战车设计,继承了中国履带式装甲输送车/步兵战车一贯的设计风格:前下装甲和前上装甲使车体前端呈楔形,前下装甲以大倾角向内倾斜,前上装甲以小倾角向内倾斜,一直延伸到车长处炮塔座圈前沿。车首有一个大尺寸机械升降式防浪板,平

中国 97 式步兵战车

时收紧贴靠前下装甲,进行水上机动前靠液压机械装置将防浪板升起。该车车顶水平,炮塔后部载员舱车顶向后下方倾斜。车体两侧竖直。车尾竖直,有一扇传统的右开尾门。该车动力舱的布置接近西方风格:右侧为三个串联装矩形散热器,左侧为一大尺寸正方形动力舱盖板,在动力舱后缘炮塔根部为一多空组合式发动机进气滤清器。驾驶舱采用串联式双人布局,舱盖采用传统的椭圆形盔式左开舱盖。其前舱舱门前面安装有三个呈扇形分布的潜望观察镜,其后舱在车体左侧安装有一个侧视观察窗。

第四节　装甲输送车

装甲输送车(armored personnel carrier)是指设有乘载室,主要用于战场上输送步兵的装甲战斗车辆。必要时,也可输送物资和器材或用于战斗。在坦克和机械化步兵(摩托化步兵)部队中,装备到步兵班。

组成

装甲输送车由武器系统、推进系统(动力、传是指动、操纵和行动装置)、观察瞄准仪器、防护系统、电气设备和通信设备等组成。动力和传动装置通常位于车体前部,后部为封闭式乘载室,有的乘载室两侧和后部还开有射击孔。车尾有较宽的车门,多为跳板式,便于载员迅速、隐蔽地上下车。车体装甲由高强度合金钢制成,有的采用铝合金,可抵御普通枪弹和炮弹破片。车上一般装有机枪,有的还装有小口径机关炮。装甲输送车的战斗全重为6～16吨,车长4.5～7.5米,车宽2.2～3米,车高1.9～2.5米,乘员2～3人,载员8～13人,最大爬坡度25°～35°。

分类

装甲输送车可分为履带式装甲输送车和轮式装甲输送车。履带式装甲输送车陆上最大速度55～70千米/小时,最大行程300～500千米。轮式装甲输送车陆上最大速度可达100千米/小时,最大行程能达1000千米。履带式装甲输送车和多轮(8×8)驱动轮式装甲输送车越壕宽0.5～1米。多数装甲输送车可水上行驶,采用履带划水或轮胎划水时,最大速度5～7千米/

小时;装有螺旋桨或喷水推进装置的装甲输送车,最大速度可达10~12千米/小时。利用装甲输送车底盘还可改装成多种变型车辆,如装甲指挥车、装甲侦察车、反克导弹发射车等。

简史

第一次世界大战时,步兵伴随坦克向敌冲击时伤亡很大,一些国家开始考虑让步兵乘载装甲车辆,以提高其防护和越野能力。1918年,英国利用菱形坦克底盘制成第一辆履带式装甲输送车,可乘载50名步兵或运输10吨补给。同年,英国还用军用卡车改装成第一辆轮式装甲输送车。20世纪30年代,英国在轻型坦克底盘上制成"布伦"机枪运载车,并装备英军步兵。这种车辆只能运载3~4名步兵,后来成为英军装甲师的第一批装甲人员输送车。

第二次世界大战初期,德军装甲师开始大量装备装甲输送车。随后,美国、加拿大等国军队也相继装备了此种车辆。其中,生产数量最多的是半履带式装甲输送车。第二次世界大战时的装甲输送车顶部大多为敞开式或半敞开式。例如:德国的Sdkfz250、英国"剑桥"、加拿大"袋鼠"、美国M3、日本"贺哈"等。

第二次世界大战后,装甲输送车得到迅速发展,许多国家把装备装甲输送车的数量作为衡量陆军机械化程度的主要标志之一。主要车型有:美M113A1-A3和LVTP-7、苏BTR-60PB和MT-LB、英FV432、法"潘哈德"M3和VAB、日本73式和意大利"菲亚特"6614CM等。有些装甲输送车增设有小型炮塔,安装了小口径机关炮,将射击孔改进为球形枪座,并采用全自动传动装置和性能良好的悬挂装置,火力、机动和防护性能有了显著提高。

中国于20世纪50年代后期开始研制装甲输送车,60年代生产出63式装甲输送车并装备部队。70~90年代,研制和生产了89式、90式履带装甲

输送车和 90 式、92 式轮式装甲输送车。

装甲输送车造价较低,变型能力强,但火力较弱,防护性能较差,多数乘载室的布置不便于步兵乘车战斗。步兵战车出现后,有些国家认为步兵战车将取代传统的装甲输送车,而多数国家则认为两种车应同时发展。

意大利"半人马座"坦克歼击车

该装甲车是意大利依维柯·奥托布雷达公司生产的轮式坦克歼击车。1987 年初制成第一辆样车,1990 年开始批量生产,1991 年装备意大利陆军,至 1996 年共装备 400 辆。

意大利"半人马座"装甲车

"半人马座"装甲车,战斗全重 25 吨,驱动型式 8×8,乘员 4 人(车长、炮手、装填手、驾驶员),车体长 7.85 米,车体宽 3.05 米,车高 2.44 米。驾驶室位于车体前部左侧,发动机位于驾驶室右方,车体后门可用于补充弹药和进出人员。主要武器为 1 门 105 毫米火炮,能发射 105 毫米坦克炮弹,弹药基数 40 发。辅助武器为 2 挺 7.62 毫米机枪,1 挺安装在火炮左侧,另 1 挺安装在炮塔顶部,弹药基数 1400 发。火控系统由数字式弹道计算机、热像仪和激光测距仪等组成。采用 1 台 6 缸水冷增压柴油机,功率为 382 千瓦。配用液力机械传动装置、独立悬挂装置、液压减震器和防弹型轮胎。最大速度 105 千米/小时,最大行程 800 千米,涉水深 1.5 米。炮塔两侧各有 4 具烟幕弹发射器。

改进型车的乘员为 6~8 人，加装了激光报警装置。变型车有步兵战车、装甲输送车、装甲指挥车、自行追击炮和自行榴弹炮等。

中国 92 式装甲输送车

该装甲车是中国于 20 世纪 80 年代开始研制的轮式装甲输送车。1993 年定型。以 EQ245 型 3.5 吨级军用越野车底盘为基础研制而成。主要用于快速输送步兵，也可乘车战斗。

92 式装甲输送车，战斗全重 11 吨，驱动型式 6×6，乘员 3 人（车长、驾驶员、机枪手），载员 9 人，车长 6 米，车宽 2.5 米，车高 2.73 米，乘载室有 5 个射击孔，车前两侧及车后开有出入门。主要武器为 1 挺 12.7 毫米高平两用机枪，安装在车体顶部的枪塔上，方向射界 360 度，高

中国 92 式装甲输送车

低射界为 –6~+80°，弹药基数 1000 发。采用 1 台涡轮增压风冷柴油机，最大功率 141 千瓦。装有呈Ⅱ字形布置的动力－传动装置、液压助力转向系统和调压防弹轮胎。最大速度 80 千米/小时，最大行程 600 千米。水上行驶靠轮胎划水时，最大速度 4 千米/小时，装螺旋桨式水上推进器时，可达 8 千米/小时。车体为钢装甲全焊接结构，车内装有超压式三防装置、自动或半自动灭火装置和空调设备，车尾两侧各有 3 具烟幕弹发射器，车体外表面涂有防红外涂料。变型车有装甲侦察车、装甲指挥车、导弹发射车、装甲抢救修理车等。

第二章 火 炮

第一节 概 述

火炮(artillery)是指以火药为能源发射弹丸,口径在20毫米以上的身管射击武器,是军队实施火力突击的基本装备。用于歼灭有生力量,压制技术兵器,破坏防御工事和其他设施等。

分类

按用途可分为压制火炮、高射炮、反坦克火炮、坦克炮、航空机关炮、舰炮和海岸炮及深水炸弹发射药炮等。其中压制火炮包括加农炮、榴弹炮、加农榴弹炮、火箭炮和迫击炮。反坦克火炮包括无坐力炮和反坦克炮。本书主要介绍压制火炮中的榴弹炮、加农榴弹炮、火箭炮、迫击炮。

按弹道特性可分为加农炮、榴弹炮、加农榴弹炮、迫击炮、迫击加农炮和迫击榴弹炮。

按炮膛构造可分为线膛炮和滑膛炮。

按口径大小可分为小口径火炮、中口径火炮和大口径火炮。

按装填方式可分为前装炮和后装炮。

按自动方式可分为手动、半自动、全自动火炮。

按运动方式可分为车辆牵引火炮、自行火炮、机载火炮、舰载火炮和便携式火炮。

组成

火炮通常由炮身和炮架两大部分组成。炮身由身管、炮口装置、炮尾和炮闩组成。炮架由摇架、反后坐装置、上架、方向机、高低机、平衡机、瞄准装置、下架、大架、防盾和运动体等组成。

第二节　榴弹炮

榴弹炮(howitzer)是指身管较短、初速较小、弹道较弯曲的火炮。既可进行低射界射击(射角在45°以下)，也可进行高射界射击(射角在45°以上)，最大射角可达75°。身管长与口径之比较小，装药号数较多。采用改变射角或改变装药的方法，均可获得不同的弹道和射程，便于在较大纵深内实施火力机动。适用于射击遮蔽物后的目标和水平目标，歼灭、压制有生力量和技术兵器，破坏工程设施。

分类

按运动方式可分为牵引式和自行式。牵引式榴弹炮多配有辅助推进装置、液压动力操作装置、气动供弹装置和射击诸元显示装置，装有可进行圆周射击的回转座盘。自行式榴弹炮配有火控系统、自动装填机、自动定位定向装置、浮渡装置和三防装置。配用弹种包括榴弹、火箭增程弹、底部排气弹、远程全膛弹、制导炮弹、核炮弹、化学炮弹、布雷弹、子母弹、照明弹、发烟弹、宣传弹和反坦克炮弹。

简史

15世纪,德国和意大利相继出现了一种身管较短、发射石霰弹的滑膛炮,这就是最早的榴弹炮。16世纪中期,各国普遍采用身管较短的滑膛榴弹炮发射球形爆炸弹,其身管长为6~8倍口径。17世纪末,榴弹炮已在大多数国家军队中装备使用。到19世纪下半叶,榴弹炮由前装滑膛改为后装线膛,并开始采用有弹带的长圆形弹丸。19世纪末期,由于使用了反后坐装置和弹性炮架,使榴弹炮的发射速度大幅度提高而成为速射炮。20世纪初,榴弹炮有了新的发展,105毫米榴弹炮射程达6千米,150毫米榴弹炮射程达7千米,并采用了周视瞄准镜、测角仪和引信装定器。

在第一次世界大战中,榴弹炮身管长为11.4~23倍口径,最大射角为70°,最大初速达530米/秒,最大射程达16千米。榴弹炮的口径有100毫米、105毫米、114.3毫米、120毫米、149.1毫米、149.7毫米、152.4毫米、155毫米、203毫米、370毫米、400毫米、520毫米等。

在第二次世界大战中,榴弹炮身管长已达20~34倍口径,最大初速达701米/秒,最大射角为75°,最大射程达23千米。榴弹炮口径有105毫米、122毫米、150毫米、152毫米、155毫米、203毫米、240毫米、300毫米、356毫米等。

进入50年代后,榴弹炮有的采用可360度回转的射击座盘,配用炮门制退器并增加弹种。60年代,牵引式榴弹炮实现轻型化,自行榴弹炮也实现了空运化。70年代以来，一些国家主要发展155毫米榴弹炮，其身管长统一为39倍或52倍口径，发射普通榴弹最大射程可达24千米，发射火箭增程弹可达30千米，发射底部排气弹可达39千米。美军研制的"十字军战士"155毫米自行榴弹炮，身管长为52倍口径，增程弹最大射程达40～50千米。21世纪初，各国装备的榴弹炮主要有105毫米、122毫米、152毫米、155毫米和203毫米五种口径，几十种型号。

发展趋势

随着战场纵深的增大和装甲目标的增多，榴弹炮的射程和弹丸威力将增大，反坦克能力将提高。口径155毫米的榴弹炮，身管长将达到50～60倍口径，最大射程也将超过55千米。为满足山地作战需要，可用直升机吊运的轻型榴弹炮也将得到相应发展。

德国PZH2000式155毫米自行榴弹炮

该炮是德国于1996年初开始正式生产的第一批国产155毫米自行火炮。它的155毫米炮弹、自动装填结构、高级射击控制装置代表了火炮界最新的潮流。车体前方左部为发动机室，右部为驾驶室，车体后部为战斗室，并装有巨型炮塔。这种布局能够获得宽大的空间。乘员包括车长、炮手、两名弹药手以及驾驶员共5人。战斗重量为55吨。

德国PZH2000 155毫米自行榴弹炮

PZH2000 火炮最高时速为 60 千米，最大行程可达 420 千米，具备了主战坦克级的机动能力。它的自卫装备包括安装在炮塔上面的 7.62 毫米机枪和炮塔前后的烟雾发射装置。PZH2000 装有主战坦克级的战斗瞄准系统，能够在夜间作战。

PzH2000 采用的是一门 52 倍口径的 155mm 火炮。它的 155 毫米炮弹的重量为 45 千克，初速每次达 900 米。使用这种炮弹，只需一发命中，就可以将 M1A1 坦克摧毁。该炮射程远的特点非常明显，在发射 L15A1 标准炮弹时，射程为 30 千米；在发射增程弹时，射程达 40 千米。这就可以在目前各国装备的火炮的最大射程外开火，又保证了自身的安全。

法国"恺撒"155 毫米自行榴弹炮

该炮是法国 2003 年 6 月初试验成功的 155 毫米榴弹炮，首批 72 辆"恺撒"炮 2006 年开始交付，2009 年交完。外界认为"恺撒"火炮系统是一套最为灵活、高效、技术成熟的系统，能够满足未来火炮武器系统战略与战术的需求。2008 年，美国、澳大利亚都表示有意进口该型火炮。

"恺撒"炮是一门 52 倍口径的 155 毫米榴弹炮，加载在 6×6 型卡车上，机动性强。它的尺寸和重量都较小，非常适合通过公路、铁路、舰船和飞机进行远程快速部署。它最大重量 17.4 吨，用 C-130"大力神"运输机远距离空运绰绰有余。"恺撒"榴弹炮配备车载火控系统和导航、定位系统，能够得知自己所处的位置。

法国"恺撒"155 毫米自行榴弹炮

它的突出标志是没有炮塔,结构简单,系统重量轻,行动快捷。它的车体前部为全封闭式乘员舱,后部为火炮身管和炮架。车上携带18发炮弹。

"恺撒"155毫米榴弹炮结构坚固,发射速度快,射程远,精度高。它配备有半自动弹药装填系统,可以发射北约所有标准的155毫米弹药。它能在两分钟内将两发炮弹射向几十公里远处目标,并撤出发射阵地,以避免敌军反炮兵火力的打击。

英国M777式155毫米榴弹炮

该炮是英国BAE系统公司研制的牵引式155毫米火炮,于2008年2月20日在印度新德里举行的第五届国防博览会上展出,据说是世界上最轻的、并经实战(阿富汗战争)验证的155毫米牵引榴弹炮。

该炮重量低于4.22吨,是世界上最轻的155毫米榴弹炮,是世界上第一种大规模采用钛和铝合金材料的火炮系统,重量是常规155毫米火炮的一半。M777不仅可用中型运输直升机吊运,同时还可由C-130运输机进行空投。M777具有低轮廓、高生存力以及快速部

M777发射"神剑"制导炮弹

署和装载能力等特点,因此它可在最具挑战性的战场环境中快速进入发射阵地。据悉,M777是能够满足超轻型榴弹炮需求的一种风险最低、能力最强的方案。由于该炮采用的是模块化设计,因此可以使工业合作伙伴更有效地进行技术转让和生产共享。M777目前正在加拿大和美国的武装部队

中服役，300门榴弹炮已交付美国陆军和海军陆战队。BAE系统公司已从这些现有用户手中获得了附加订购400门系统的订单。

M777A2榴弹炮系统配装有升级软件，能够编程并发射M982"神剑"制导炮弹。"神剑"炮弹使M777A2榴弹炮的射程达到40千米，射击精度达到10米以内。"神剑"制导炮弹在极热、极冷的温度条件下实施发射，接受了冲击与震动测试以模拟战术运送过程中可能遇到的情况，还配用了便携式"神剑"炮弹的火控系统，射程达到了22千米。这些炮弹均以离轴5°的角度发射，以证实炮弹增强的机动性以及作战灵活性。

日本99式155毫米自行榴弹炮

该炮是日本于1999年研制成功的155毫米自行榴弹炮。99式自行榴弹炮的战斗全重为40吨，乘员4人，全长11.3米，全宽3.2米，全高4.3米。车体前部左侧为动力舱，右侧为驾驶室，车体的中后部为战斗室。车体部分的外观和日本的89式步兵战车很相像。日本军方称99式自行榴弹炮的车体是新设计的，但底盘上的某些部件可以和89式步兵战车通用。

动力装置为直列6缸水冷柴油机，最大功率600马力，最大速度49.6千米/小时。火炮为52倍口径的155毫米榴弹炮。炮塔的装甲材料和结构尚未公布，估计为铝合金装甲全焊接结构。炮塔内，左前部为车长（也叫炮班长），它的后面是装填手，右前部为炮长，炮塔后部为炮尾部及自动装弹机机

日本99式155毫米自行榴弹炮

构。尽管炮塔内有自动装弹机，但车内还是有一名装填手，在乘员的配置上有一定"冗余度"。

炮车上的舱门较多，包括驾驶员舱门、炮塔顶部的两个舱门、炮塔两侧的两个舱门、车体后门等。炮塔后部右侧有一个突出的装甲壳体，有点类似航天空间站的对接连接器，可以和供弹车对接，对接后即可自动地向车内补充弹药。

中国PLZ-05型155毫米自行榴弹炮

该炮是我国北方工业公司研制的自行榴弹炮，2005年9月21日在第11届北京航展上首次展出，成为中国迄今为止推出的第二种155毫米自行榴弹炮，国外军事媒体预测它将成为中国人民解放军陆军未来20年主力身管压制火炮。

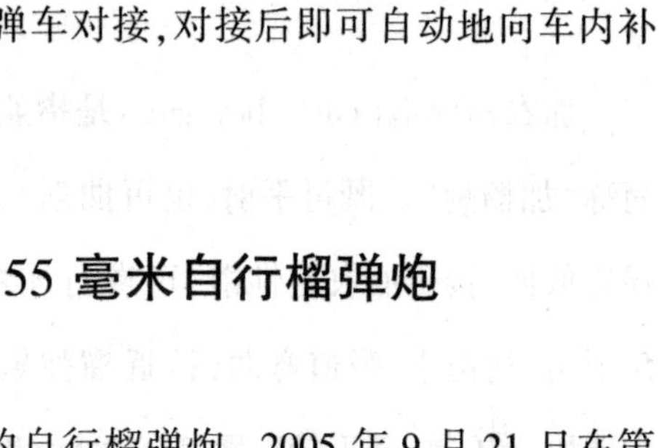

该炮采用了52倍口径身管，底排弹时射程可达40公里，而发射火箭增程底排弹的射程更达到惊人的50公里。该自行榴弹炮已经通过了定型测试，将在未来几年批量生产并装备中国陆军，成为中国新一代间接火力支援系统的主力。

中国PLZ-05型155毫米自行榴弹炮

第三节 加农榴弹炮

加农榴弹炮（gun-howitzer）是指兼有加农炮和榴弹炮弹道特性的火炮，简称"加榴炮"。既可平射，也可曲射。用大号装药和小射角射击，初速大、弹道低伸，接近加农炮性能，可遂行加农炮的射击任务；用小号装药和大射角射击，初速小、弹道弯曲，接近榴弹炮的性能，可遂行榴弹炮的射击任务。主要用于压制、歼灭较远距离的目标，破坏较坚固的工程设施。

组成

自行加农榴弹炮多装有三防装置、灭火装置、输弹机、自动装弹机、火控系统和夜视装置。牵引式加农榴弹炮多配有辅助推进装置、火炮液压操纵系统、气动输弹机和射击支承座盘。配用榴弹、远程全膛弹、远程全膛底部排气弹、破甲弹、穿甲弹、火箭增程弹、末制导炮弹、照明弹、发烟弹，也可发射化学炮弹和核炮弹。

简史

19世纪中期，把既能发射实心弹又能发射爆炸弹的火炮称为加榴炮。20世纪20年代，将加农炮的炮身装在榴弹炮的炮架上，称作"两用炮"。30年代，将加农炮的长炮身装在高低射界-2°～+65°的炮架上，称作榴弹加农炮。1937年苏联研制了D-20式152毫米加农榴弹炮，初速655米/秒，榴弹最大射程17.41千米，高低射界-5°～+63°，行军全重5700千克。50年代，将榴弹炮炮身装在高低射界为-5°～+45°的炮架上，使用7个装药号，称作加农榴弹炮。60年代以来,许多国家发展的榴弹炮身管长为39倍和45倍口径,有的达52倍口径,具有加农炮性能,但未采用加农炮或加农榴弹炮的名称。中国W1988式155毫米加农榴弹炮,初速(榴弹10号装药)897米/秒,远程全膛榴弹最大射程30千米,远程全膛底部排气弹最大射程39千米,高低射界−5°~+72°,行军全重9800千克。90年代,各国装备的加农榴弹炮主要有152毫米、155毫米和210毫米3种口径,约十几种型号。

随着新技术的运用,榴弹炮、加农炮、加农榴弹炮三者性能愈加接近,他们之间的界限将逐渐模糊。

以色列"蒂格"2000式155毫米加农榴弹炮

该炮是以色列研制的口径155毫米的牵引式加农榴弹炮。20世纪90年代初在M839/839P和M845/815P式155毫米加农榴弹炮基础上发展而成。1999年投产,主要用于出口。

该炮采用模块式结构,可根据需要选配39倍、45倍、52倍口径长的身管和不同的火控系统;炮上配有环形激光惯性导航系统和全球定位接收机(GPS)组合而成的自动定位定向系统,使火炮具备自主射击能力,炮上可加装辅助推进装置,采用39

以色列"索尔塔姆"M71式155毫米榴弹炮

倍、45倍、52倍口径长身管,发射L15式榴弹最大射程分别为24.7千米、27.5千米、30千米,发射远程全膛弹底排气弹最大射程分别为28千米、30千米、41千米。最大射速4发/分,持续射速2发/分,高低射界-3°~+70°,方向射界左右各39°。采用39倍、45倍、52倍口径长身管时,战斗全重分别为12000千克、12200千克、12600千克。利用77.5千瓦的辅助推进装置,可以8千米/小时或17千米/小时的速度短距离自行。

中国台湾T69式155毫米自行加农榴弹炮

该炮是中国台湾地区联合勤务总司令部研制的口径155毫米的自行式加农榴弹炮。20世纪90年代开始列装。装备战区或防卫司令部所属炮兵部队,是台湾地区军队射程最远的火炮。

该炮采用45倍口径长的身管,身管上配有多室炮口制退器、抽气装置和身管行军固定器。采用美国M109A2式155毫米自行榴弹炮底盘,无炮塔。配有自动装填装置,由炮兵连射击指挥计算机提供射击诸元。驾驶舱内装有红外夜间驾驶仪。配用台湾地区生产的远程弹、远程全膛弹和远程全膛弹底排气弹。远程全膛弹最大射程30千米,远程全膛弹底排气弹最大射程35千米,最大射速6发/分,高低射界0°~+70°,方向射界左右各30°。战斗全重24948千克,发动机功率298千瓦,公路最大行驶速度56千米/小时,最大行程390千米。弹药携行量25发,乘员5人。

中国台湾T69式155毫米自行加农榴弹炮

第四节 火箭炮

火箭炮(multiple rocket launcher)是指发射火箭弹,并赋予火箭弹初始飞行方向的多联装发射装置。火箭弹靠自身发动机的推力飞行。火箭炮发射速度快,火力猛烈,突袭性好,机动能力强,多用于对面目标射击。但射击散布面积大,发射时火光大,易暴露阵地。主要配用杀伤爆破火箭弹和子母火箭弹,用于歼灭、压制有生力量和技术兵器。也可配用特种火箭弹攻击装甲目标,布设地雷,施放干扰和烟幕以及实施化学袭击等。运动方式有自行和牵引,以自行式居多。轻型的可吊运、空运或伞降,有的还可分解成几大部件,由人工背运。

组成

由于火箭弹靠自身的发动机推力飞行,火箭炮不需要承受膛压及笨重的炮身、炮闩,没有反后坐装置,能多发联装和发射较大口径的火箭弹。其组成与一般火炮有较大不同,由定向器、回转盘、高低机、方向机、平衡机、瞄准装置、发火系统和运动体组成。

简史

公元969年,中国最早制成以火药为动力的火箭。12世纪中叶,中国南宋时期出现了最早的军用火箭。中国明朝的火箭武器多达几十种。有一发百矢的"百虎齐奔箭"和连续两次齐射的"群鹰逐兔箭"等。火箭发射装置,早期为叉形架,后来采用竹筒导向器。明朝万历年间赵士祯发明了"火箭溜",火箭在滑槽式发射架上发射,能控制飞行方向。大约在13世纪,中国的火药和火箭技术西传到欧洲。1807年,英国军队进攻丹麦哥本哈根时,使用两脚发射架发射火箭弹。1830年,法国使用携带式三脚发射架,发射50毫米火箭弹,定向器为筒式,装有高低瞄准机构。

第二次世界大战前,苏联研制的BM-13"喀秋莎"式火箭炮,采用滑轨式定向器,可联装16发尾翼火箭弹,射程达8.6千米,这种火箭炮在第二次世界大战中发挥了重要作用。德国在1941年制成158毫米6管拖车式火箭炮和10管履带自行式火箭炮,射程达8千米,主要发射化学火箭弹。战后,火箭炮得到进一步发展。50年代,苏联先后研制并装备了BM-14、BM-24、BMD-20、BM-25等型火箭炮,口径为140~250毫米,发射装置有管式、圆笼式和方笼式,配用尾翼稳定火箭弹和旋转稳定火箭弹,射程为9~20千米。60年代,苏联制成BM-21式122毫米40管火箭炮,杀伤威力有较大提高,促进了各国火箭炮的发展。

70年代以来,各国装备的火箭炮型号不下50种,性能明显提高,定向器增加到20~40个。自行火箭炮逐渐增多,性能较好的有联邦德国的"拉尔斯"、以色列的LAR-160、意大利的"菲洛斯"25/30、西班牙的"特鲁埃尔"、捷克斯洛伐克的RM-70和苏联的"旋风"式火箭炮。"旋风"式火箭炮的射程达70千米,弹上配有主动飞行段控制系统,射击精度高,火力强,机动性能好。

80年代,美国研制成M270式12管火箭炮,最大射程达32千米,配用末制导反坦克子母火箭弹,能击穿坦克顶甲,一枚双用途子母火箭弹的杀伤面积可达6万平方米。其改进型最大射程达45千米,配备射击指挥系统和导航定位装置,进入发射阵地后可自动放列、自动调平、自动计算射击诸元并进行修正,射击和转移阵地时间短,射击精度高,野战生存能力强,发射架还可用来发射战术弹道导弹。

发展趋势

火箭炮的弹药将采用性能较好的复合推进剂,加大推进剂药量,最大射程可望达到70~100千米;配用末制导子母弹,提高火箭炮远距离反集群装甲目标的能力;实现定向器集装箱化、装退弹操作自动化,并配以分布式自动化射击指挥网络。

土耳其T-300多管火箭炮

据英国《简氏导弹与火箭》2007年5月7日报道,土耳其Roketsan公司公布了其新型T-300多管火箭炮(MBRL)的详细资料,并已交付土耳其陆军司令部(TLFC)使用,但并没有透露具体的交付数量。

T-300 MBRL使用的是德国MAN 26.372 6×6卡车底盘,它具有一个全封闭,朝前的控制舱,带有一个辅助动力单元和附加的乘员舱。车的后部安装有一个具有动力的转盘,可使火箭发射器的回转角度达到左右各30°,其俯仰角度为0°~+60°。战斗全重(含弹药)约为23吨,四个液压稳定装置

土耳其T-300多管火箭炮

能给MBRL提供一个非常稳定的发射平台。该炮既能单发也能连发(连续发射时间间隔为6秒),既能通过控制舱发射也能在舱外遥控发射。每一根发射管都具有计算机火控系统,并且陆地导航系统还能够为其减少战斗准

备时间，以及增强其精确打击能力。

TR-300非制导火箭弹长4.75米，重530千克，使用复合固体推进剂，最长燃烧时间为4.5秒，最小射程为40千米，最大射程为80千米，当不安装阻力环时可达到100千米。火箭弹的战斗部重为150千克，其中包括80千克高爆炸药，以及26000颗钢珠。弹体前端安装有近炸引信，杀伤距离约为70米。

中国神鹰400制导火箭炮

该火箭炮由中国航天科工集团研制，2008年在珠海航展上首次展出。从外观上看，这款武器系统与传统意义上的火箭弹的差异体现在：重型8轮卡车底盘、8联装垂直发射设计、弹体上细长的边条翼和发动机矢量燃气舵。SY400具有垂直发射的特点，但是SY400配备的固体火箭发动机的工作时间是有限的，因此弹体落向目标时仍然是惯性弹道。燃气舵的配备使SY400具备打击多目标的能力，可以实现一台车辆对多个不同方向目标的打击。边条翼的主要作用是稳定飞行弹道。以惯性导航为主，并可依靠卫星定位修正弹道，包括美国的GPS、俄罗斯的GLONASS和我国的北斗系统都能兼容。SY400用的是固体火箭发动机，推力和发动机工作时间都是一定的，不同战斗部的火箭弹射程也不同，最大射程大约是200km。

中国神鹰400制导火箭炮

第五节　迫击炮

迫击炮(mortar)是指发射迫击炮弹,用座钣承受后坐力的曲射火炮。早期都是迫击发火,故称为迫击炮。最早专用于堑壕战,因此又有堑壕炮之称。迫击炮体积小,重量轻,结构简单,适于随伴步兵隐蔽行动。一般以大于45°的射角射击,弹道弯曲,初速小,最小射程近,适于对近距离遮蔽物后的目标和反斜面上的目标射击。主要配用杀伤爆破弹,用于歼灭有生力量,压制技术兵器,破坏铁丝网等障碍物。还可配用发烟弹、照明弹、宣传弹,有的中口径迫击炮配用化学弹,大口径迫击炮还可配用核炮弹。按炮膛结构分为滑膛式和线膛式,按运动方式分为便携式、驮载式、车载式、牵引式、自行式。

组成

通常由炮身、底座、炮架和瞄准具组成。有的迫击炮的身管分为前后两节,在身管中部开门、装填炮弹,靠滑动套筒对身管进行锁定和密封,以利于提高射速。有的轻型迫击炮战斗全重仅数千克,一人便可携带。有的可分解成部件,由几名炮手分别携带。有的可把身管拆成两截,便于空降兵携带。迫击炮射程的改变是靠变换装药和改变射角实现的。早期迫击炮的炮尾有排气孔,靠改变排气孔的大小,控制膛内燃气释放量来调节膛压和初速,以控制射程的改变。有的迫击炮最小射程仅100米,有的甚至小到46米。最大射程一般在2~8千米。配用增程弹后,射程可达15千米。迫击炮

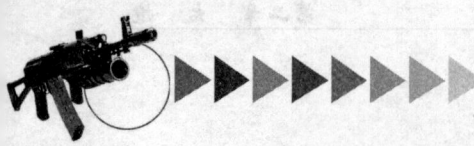

多用于高射界射击,有较大落角,炮弹杀伤范围较大。

简史

迫击炮是从臼炮演变来的。17~19世纪的臼炮,以大于50°的射角发射球形弹丸,用于对遮蔽目标曲射。1904~1905年日俄战争中,俄军使用了由舰炮改制的迫击炮。

第一次世界大战末期,英国W.斯托克斯研制成口径76.2毫米迫击炮,发射弹底带发射药的尾翼稳定弹丸,1917年装备协约国部队。战后,法国勃兰特在"斯托克斯"迫击炮的炮身与炮架间装上缓冲机,使射击稳定性进一步提高,制成"斯托克斯.勃兰特"81毫米迫击炮,1927年装备法军,是第二次世界大战前性能最好的迫击炮。现代迫击炮的基本结构与其相似。

第二次世界大战初期,多使用口径50~82毫米的迫击炮,随着战争的进展,又使用了口径105~120毫米的中口径迫击炮和口径在160毫米以上的大口径迫击炮。这期间迫击炮的射程为0.4~5.5千米。50~60年代,迫击炮得到迅速发展,形成中小口径系列。主要有51、60、75、81、82、100、107和120毫米口径的迫击炮,其重量有所减轻,射程有所提高。70~80年代,120毫米迫击炮的射程达到13千米,81毫米迫击炮的射程达到6千米,60毫米迫击炮的射程达到5千米。大口径迫击炮有140、160和240毫米的三种。自行迫击炮增多,兼有其他弹道性能的迫击加农炮、迫击榴弹炮也相继出现,不仅能伴随步兵作战,也能伴随坦克和其他装甲车辆作战。配用破甲弹,有的还配用子母弹、布雷弹及火箭增程弹。

80年代,一些国家研制了多管联装(双管、四管)迫击炮,既能单发,又能进行多发齐射,一个四门制迫击炮连的火力,相当于一个常规105毫米榴弹炮营的火力。有的迫击炮装设自动后膛装填系统,发射速度可达到120发/

分。90年代,中口径迫击炮已配用末制导反装甲迫击炮弹,可攻击坦克的顶装甲。

发展趋势

为提高快速反应能力,迫击炮将配备计算机火控系统和导航定位系统;迫击炮将成为山岳丛林作战和登陆作战的重要武器,适于装备快速反应部队。

芬兰先进120毫米迫击炮系统(AMOS)

该迫击炮系统的研制工作始于20世纪90年代中期,为芬兰帕特里亚武器系统公司和瑞典的赫格隆公司共同研发。2000年参加了欧洲萨托利防务展。芬兰国防军订购24辆模块化AMOS自行迫击炮,首批车辆已于2005年交付芬兰国防军,其余车辆将于2009年前全部交付芬兰国防军,装备2个战备旅。

该迫击炮系统战斗全重4.4吨,乘员4人(车长、炮长、驾驶员和装填手),车上的弹药基数为84发杀伤弹和6发制导炮弹,炮塔可360度转动。主要武器是2门120毫米迫击炮。身管长为3米,迫击炮高低射界为-3~+85度,火炮的俯仰和方位旋转为电动模式,也可以手动。采用半自动装弹机,后膛装弹,最大射速达到26发/分,最初的4发弹可在4秒钟发射完。

芬兰先进120毫米迫击炮系统

AMOS自行迫击炮进入阵地并开始发射的时间小于30秒,撤出阵地的

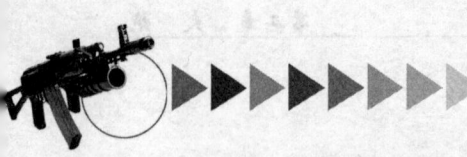

时间仅需10秒,适于采取"打了就跑"的战术。对于火力支援战车来说,多采用轻型装甲车辆的底盘,装甲防护能力不强,采取"打了就跑"的战术,无疑是明智之举。

可发射的弹种包括:红外烟幕弹、照明弹、迫山炮增程高爆弹(为主弹种)、子母弹和制导迫击炮弹等。其中增程高爆弹全重15.1千克,采用双基推进剂、战斗部为3.1千克的B型高爆炸药,弹丸初速为120－480米/秒,射程为0.3－10千米,最大射程下的公算误差小于0.5%(纵)×0.3%(横)。

中国W99型车载迫击炮

该炮是我国于九十年代后期自主研制的81毫米新型速射迫击炮,具有高射速、高机动性等特点。这种新型迫击炮能对阻碍执行步兵营战斗行动的目标进行压制或歼灭,也可执行烟幕迷盲、纵火和照明射击等任务。

该炮采用炮闩自由后坐、前冲定点击发的自动机,由弹夹供输弹,设有单、连发转换装置。这种迫击炮的结构与"三大件"迫击炮相比较为复杂,有自动连发的特点,因此,也有人称这种炮为迫击炮中的"机关炮"。

W99型车载速射迫击炮与国产"东风"EQ2050型4×4军用越野车底盘相适配,提高了作战机动能力,缩短了进入战斗和撤离战斗的时间。

中国W99型车载迫击炮

第三章　轻武器

第一节　概　述

轻武器(small arms)是指由单兵或班组携行使用的武器,又称"轻兵器",是军队中装备数量最多的武器。轻武器的主体是枪械,枪械(尤其是步枪)的发展水平,往往代表一个国家轻武器的发展水平。主要装备对象是步兵,也广泛装备于其他军种和兵种。主要作战用途是杀伤有生力量,毁伤轻型装甲车辆。

轻武器一词源于英文"small arms"。最初仅指手枪、步枪、冲锋枪等单兵使用的枪械,后经发展又包括一些可由班组携行和使用的轻型武器,如机枪、榴弹发射器、火箭筒等。

特点

轻武器的主要特点是:体积小、重量轻、使用方便、开火迅速、火力密度大、环境适应性强、能适应多种作战任务;结构简单、易于制造、便于维修、成

本低廉，适于大量生产、大量装备，是游击作战、警戒、巡逻、侦察和自卫的必备武器。

第二节 手枪

手枪(pistol)是指以单手发射的小型枪械。供军官、特种兵、警察和执行特殊任务的人员使用。它短小轻便，隐蔽性好，便于迅速装弹和开火，在50米内有良好的杀伤效力。发射的弹头一般有较大的停止作用，人体被命中后可迅速丧失战斗力。口径多为5.45～11.43毫米，以9毫米和7.62毫米最为常见，多数空枪重约1千克，枪长约200毫米，容弹量5～20发。

组成

主要由枪管、握把座、击发机构、发射机构和套筒(或转轮)等部分组成。

分类

按构造，可分为转轮手枪和自动手枪。转轮手枪，是带有多弹膛转轮的手枪，可使枪弹逐发对正枪管和击发机构实施射击。自动手枪，是利用火药燃气能量实现自动装弹入膛的手枪，包括单发射击的半自动手枪和能连发射击的全自动手枪。手枪按用途，又可分为自卫手枪、冲锋手枪和特种手枪。

简史

在火器发展史上手枪和步枪是并行发展的。中国元明时期已在军队中装备了小型手持火铳。约在 14 世纪,欧洲出现了一种通过火门点火发射的火门枪。15 世纪火绳手枪出现。16 世纪燧石手枪诞生。19 世纪上叶,美国发明的转管式"胡椒盒"手枪,首次实现了发射机构双动原理。1835 年美国人 S. 柯尔特研制出世界上第一支真正的转轮手枪。弹仓手枪出现于 19 世纪中叶,1854 年获得专利的沃尔卡尼科机动弹仓手枪,枪管下方有个管形弹仓,借助扳动兼做扳机护圈的杠杆进行装弹。借助火药燃气能量装弹的自动手枪出现于 19 世纪末,1892 年奥地利人 J·劳曼成功设计第一支弹匣供弹的舍恩伯格手枪。20 世纪初,半自动手枪已得到推广,并逐步取代了转轮手枪成为军队的制式装备。著名的有 J. M. 勃朗宁设计成功的 M1911 11.43 毫米自动手枪,装备美军达 60 年之久。德国研制的 1932 年式 7.63 毫米毛瑟手枪,是第一支广泛使用的冲锋手枪。20 世纪 60 年代以来,手枪的口径和发射的枪弹逐渐趋于集中,许多国家都采用北大西洋公约组织的 9 毫米巴拉贝鲁姆制式手枪弹。前华沙条约各国则普遍采用苏联的 9 毫米马卡洛夫手枪和 5.45 毫米的 PSM 手枪。

发展趋势

手枪正在向减轻重量,提高射击精度,增大弹头停止作用和侵彻威力的方向发展。

德国 P8 式 9 毫米手枪

该枪是德国 HK 公司 20 世纪 90 年代初为德国军队研制的一种军用半自动手枪。1997 年底开始装备德国军队,命名为 P8 手枪。其商业型称为 USP 手枪,1993 年推向市场。

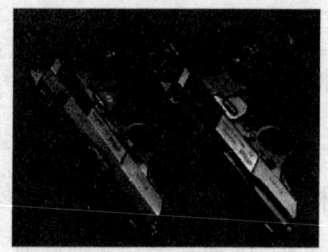

该枪口径 9 毫米，发射 9x19 毫米"巴拉贝鲁姆"手枪弹，采用 10 毫米口径的 USP 可使用 10 毫米手枪弹。枪长：194 毫米，枪管长 108 毫米，枪重 0.77 千克，初速 355 米/秒，有效射程 50 米，弹匣容弹 13 发或 15 发，这两种口径的手枪还配有 20 发作战用弹匣。

德国 P8 式 9 毫米手枪

中国 92 式 9 毫米手枪

该枪是我国于 1998 年完成定型的 9 毫米自动手枪。该枪是为军队指挥员及特种部队等战斗人员提供的自卫或军用战斗手枪，主要用于杀伤 50m 距离内的有生目标，手枪弹在 50m 内法向击穿 232 头盔钢板后，还能击穿 50mm 厚松木板。该枪采用了 20 发大容弹量弹匣双排双路供弹技术，提高了火力持续性。

92 式 NP42 型 9 毫米手枪为该枪改进型，在设计上参照了美军标准，与原 92 式 9 毫米手枪比较，NP42 型手枪的改进要点是提高精度、可靠性和寿命。在精度上，NP42 比 92 式提高了近 20%。可靠性上，要求故障率由原来的 0.2% 以下减小到 0.12% 以下。寿命上，枪械寿命要由原来的 3000 发弹提高到 10000 发弹。

中国 92 式 9 毫米手枪

第三节 步枪

步枪(rifle)是指单兵使用的长管肩射枪械。步枪是步兵使用的基本武器,主要以火力杀伤暴露的有生目标。其战术技术性能介于冲锋枪和轻机枪之间,口径一般小于 8 毫米,枪长 1 米左右,枪重约 4 千克,弹匣容弹量 5～30 发,发射步枪弹,有效射程 400 米左右,弹头初速 700～1000 米/秒。

组成

一般由枪管、机匣、枪机、容弹具、击发机构、发射机构、瞄准装置及枪托等部分组成,有的步枪还有刺刀与枪口装置等辅助部件。

分类

按自动化程度,分为非自动步枪和自动步枪。按作战使用性能,分为普通步枪、卡宾枪、反坦克枪、突击步枪和狙击步枪。

简史

步枪起源于 13 世纪出现的射击火器,经过 600 多年的发展,于 19 世纪下半叶,出现了第一支采用金属弹壳枪弹的步枪——德国 1871 年式毛瑟步枪。此后,无烟火药技术的发展与应用为步枪的发展创造了条件。1908 年,墨西哥军队率先装备了蒙德拉贡半自动步枪。第二次世界大战期间,德国研制出发射 7.92 毫米短弹的全自动步枪,1942 年投入西德战场,取名 StG44 突击步枪。战后,苏联生产的 AK47 自动步枪,既有冲锋枪般猛烈火力,又有步枪一样的射击威力。60 年代,美国生产的 M16 式 5.56 毫米小口径步枪,轻便灵活、使用方便,具有较好的持续作战能力。60年代以来,随着战场火力密度的增强和步兵战车的大量使用,白刃格斗日趋减少,反装甲任务日渐增多。新研制的步枪大多为突击步枪,并增加了发射枪榴弹和下挂榴弹发射器的面杀伤和反轻装甲功能,使步枪具有点、面杀伤和反薄壁装甲的能力。80年代后,一些国家又开始了无壳弹步枪的探索工作并取得一些进展。

德国 G36 式 5.56 毫米步枪

该枪是德国黑克勒·科赫公司于20世纪90年代初研制的一种新型小口径步枪。1996年开始装备德国联邦国防军,用以取代G3式步枪。口径5.56毫米,发射5.56毫米北约制式弹。枪长1000毫米(托展时)/758毫米(托缩时),枪管长480毫米,初速约920米/秒,点射射速约750发/分,有效射程400米,弹匣容弹量30发。提把上下重叠安装有两种光学瞄准装置,上面为1∶1准直式瞄准具,用于快速瞄准射击,下面为放大3倍的望远镜式瞄准具,用于在较远距离上实施精确射击。杆式弹匣用高强度的透明复合材料制成,随时可以看到弹匣里的存弹数。

德国 G36 式 5.56 毫米步枪

以色列拐弯枪

该枪是美国和以色列联合研制的新型反恐武器，2003年12月15日首次在以色列亮相。是一种能绕过拐角观察和射击目标的高技术武器系统，能使作战人员身体的任何部分都无需暴露，起到了保护作战人员的作用。该系统现已完成测试，目前正在世界各地的特种部队、军事部队和执法机构中使用。"拐弯枪"可完全保护警戒部队在射击目标时不受敌方火力威胁。"拐弯枪"系统能够与世界上的大多数自动手枪装配使用。系统包括高分辨率袖珍摄像机和监视器，使作战人员能够从各个有利位置观察目标。可拆卸式摄像机使部队在确定目标位置前对目标区域进行扫描，并直接将观察到的信息立即发送给后面的作战部队或后方作战指挥所的监视器。

以色列拐弯枪

由于作战人员可通过安装在"拐弯枪"后部的液晶显示监视器观察和瞄准，因此"拐弯枪"可精确部署于任何角落。"拐弯枪"非常适于全球恐怖作战。在现代作战环境中，尤其是低强度冲突，该枪可使士兵不用暴露在敌方火力之下，并显著增强其收集信息和传送作战信息的能力，在敌人的瞄准线外定位并攻击目标。

中国 97 式狙击步枪

该枪是 88 式狙击步枪的外贸型，于 97 年研制成功，口径为 5.56mm NATO。97 式狙击步枪和 88 式狙击步枪的外形完全一样，结构采用无托式，内部结构与苏联的 AK47 突击步枪相似，为枪机回转式闭锁机构，活塞筒设于枪管上方。97 式狙击步枪以变倍瞄准镜为标准配置，同时也设有机械瞄具，供瞄准镜损坏或丢失时应急使用。

中国 97 式狙击步枪

中国台湾 T91 突击步枪

该枪是台湾省联勤 205 厂在 2001 年规划出的台军第四代步枪研发计划，该计划名为"百年步枪"计划。"百年步枪"计划的研究成果在 2002 年公布出来，就是 T91 步枪。到了 2003 年，台湾"国防部"正式宣布拨出 18 亿元新台币的预算订购 101,162 支 T91 步枪。根据台军方的宣称，全新的 T91 步枪将优先配备本岛的台海军陆战队和空降兵特勤队等特种部队，然后推广到其他守备部队，最后配发金门外岛部队。

中国台湾 T91 突击步枪

全枪长枪托缩起 800 毫米,枪托伸展 880 毫米,空枪重 3.17 千克,枪管长 375 毫米,枪口初速 840 米/秒,理论射速 650~950 发/分。该枪可加挂 T85 榴弹发射器。

第四节 冲锋枪

冲锋枪(submachine gun)通常指双手握持发射手枪弹的全自动枪械。双手握持射击是冲锋枪的基本射击姿势,也是它与主要以单手发射的手枪的根本区别,而发射手枪弹则是它与自动步枪的主要不同。冲锋枪比手枪长,火力比手枪猛,但比步枪短,弹头威力虽小,但弹匣容量大,火力猛烈,在 200 米以内有良好的杀伤效力,适于在短兵相接的冲锋和反冲锋战斗中使用。其中文名称由此而得。主要装备装甲兵、空降兵、侦察兵及警卫部队等。按战术使用可分为普通冲锋枪、轻型冲锋枪(2 千克以下)和微声冲锋枪。

组成

冲锋枪的构造与手枪和步枪大体相同,一般由枪管、机匣、枪机、容弹具、击发机构、发射机构、瞄准装置和枪托等组成。现代冲锋枪的口径多为 9 毫米,但也有 7.62 毫米和 11.43 毫米的,全枪重 3 千克左右。多采用折叠枪托,枪托打开时全长 550~750 毫米,枪托折叠时全长 450~650 毫米。自动方式多为枪机后坐式,由于枪机较重,射击时撞击力较大,影响射击精度。弹匣容量较大,一般为 30~40 发,有的可达 70 发,以连发射击为主,有的可

单、连发射击。

简史

1915年，意大利人B.A.列维里，为适应阵地战的需要，研制出维拉·派洛连发枪，是世界上第一种发射手枪弹的连发枪械，它被认为是冲锋枪的鼻祖。该枪全长533毫米，重6.5千克，发射9毫米格里森蒂手枪弹，两个枪身像机枪一样用两脚架支撑，两个容弹25发的弧形弹匣上方供弹，采用半自由枪机，双手握持发射，仅能连发射击，理论射速较高，但射击精度较差，不适合单兵手持使用。从那时起至21世纪初，冲锋枪的发展大致经历以下三个阶段：

①二次世界大战前，是冲锋枪发展的第一阶段。代表性冲锋枪有：美国的"汤姆逊"11.43毫米冲锋枪、意大利的"伯莱塔"M1938A9毫米冲锋枪、德国的"伯格曼"MP34－1式9毫米冲锋枪等。这一阶段冲锋枪的尺寸较长、重量偏大、结构复杂、安全性差。

②第二次世界大战期间，是冲锋枪发展的第二阶段。这一阶段研制的冲锋枪品种多、数量大，是冲锋枪发展的全盛时期。代表性的有：苏联的PP-Sh－43式7.62毫米冲锋枪、英国的"司登"9毫米冲锋枪和美国的M3式冲锋枪。它们的共同特点是：普遍采用冲压技术，并配合以点焊、铆接等先进的加工工艺；多数枪设有专门的保险机构，武器安全性有所改善；广泛采用折叠或伸缩式枪托，既方便携行，又便于抵肩瞄准射击；几乎所有的枪都采用直弹匣，装填迅速、方便，容弹量大。

③50年代以后，是冲锋枪发展的第三阶段。代表性冲锋枪有：以色列的"乌齐"9毫米冲锋枪、美国的"英格拉姆"M10冲锋枪和波兰的Wz63式9毫米冲锋枪等。这一阶段的冲锋枪，尽管在使用范围和数量上不如第二代，但

其结构有所创新。显著的变化是：采用先进的包络式枪机，如以色列的"乌齐"，在不改变枪管长度的前提下使全枪长度缩短，质心上移，可在连发射时抑制枪口上跳，使命中精度提高；每枪均设有双保险甚至三保险，基本避免了枪走火，武器的安全性明显增强；大量采用高强度塑料件，不仅减轻了全枪重量，而且降低了成本；有的枪上配备夜视仪，使射击准确性和夜战能力得以加强，综合作战性能显著提高。

发展趋势

随着突击步枪的兴起和广泛使用，普通冲锋枪的战术地位有所下降，而更为短小、使用灵活，可用单手发射的轻型冲锋枪将会进一步得到发展。

美国 MK5 冲锋枪

该枪是美国 TDI 公司 2005 年底公布的一种外形古怪的 45 ACP 口径冲锋枪，名为 MK5。据称这是一种后坐力极低的冲锋枪。

TDI 公司宣称 MK5 是运用一种把后坐冲量向下方转移的技术，而不是向后作用到射手的手或肩部，这种独特的原理设计不仅大大降低了后坐感，使枪口在全自动射击时基本不会上跳，而且这种还使该枪的重量比同类武器减轻了超过 50%，零件（包括活动部件）总数也减到最少。据称 MK5 冲锋枪这种独特的原理是瑞士人发明的，现在由总部位于华盛顿的 TDI 公司在美国完善其设计和生产、销售。

美国 MK5 冲锋枪

中国05式微声冲锋枪

该枪是我国于2005年研制的5.8毫米无托冲锋枪。消声器、机匣及握把、枪托等组件分别采用了轻质铝合金和工程塑料,减轻了全枪重量。05式微冲为降低第二类噪声专门设计了微声弹。其微声亚音速弹的膛压、初速都远低于5.8毫米手枪弹。该枪采用了枪机半包络枪管的结构,运动件质心基本位于枪管轴线之上,最大可能地减小了射击过程中因质心变化导致的枪口跳动,射击精度较高。

中国05式微声冲锋枪

第五节　机枪

机枪(machine gun)是指配有枪架、枪座或两脚架并能实施连发射击的自动枪械。主要用于射击较远距离上的有生目标,薄壁装甲目标和火力点。一般由枪身和枪架(枪座或两脚架)组成。自动方式多为导气式,少数为枪管短后坐式或半自由枪机式。发射步枪弹,供弹方式多为弹链供弹,少数采用弹鼓、弹匣或弹盘供弹。多数采用枪机回转式或枪机偏转式刚性闭锁机构,连发发射机构和击锤直动击发机构。枪管口部往往有消焰器。枪架上通常装有高低机和方向机，有的还装有精瞄机和高低、方向射角限制器。有些机枪还配有专用瞄准装置。为防止枪管过热而影响射击精度和使用安全，早期机枪多采用水冷，现代机枪多采用空气冷却，有的还配有备份枪管，以供必要时更换。

分类

按技术性能，分为轻机枪、通用机枪和重机枪；按机动方式，分为车装机枪、航空机枪、舰艇机枪。轻机枪，多为班用机枪，口径一般为5.45～8毫米，重量较轻(约5～10千克)，发射步枪弹，有效射程500～800米。以两脚架支撑，抵肩射击，主要用于杀伤有生目标，是步兵班的火力骨干。通用机枪，又称中型机枪，口径多在6.5～8毫米之间。枪身重7～15千克，枪架重5～20千克，平射有效射程800～1000米，高射有效射程500米。所谓通用，是指枪身用两脚架支撑可作轻机枪使用，用比较稳固的三脚架支撑可作重机枪使用的机枪。其性能介于轻、重机枪之间，比轻机枪在较远距离上有较好的射击精度，有较长的火力持续性，能实施超越、间隙和散布射击；但不如重机枪射程远、火力猛、威力大；主要用于杀伤集团有生目标和压制敌人火力点，是步兵连、营的主要支援火器。重机枪，指口径在12～20毫米(现多为12.7毫米)之间的大口径机枪。具有比通用机枪更为猛烈的压制性火力，主要用于打击地面薄壁装甲目标，也可射击低空飞行目标。全枪重由数十千克至2000千克不等，有效射程可达2000米。

简史

1718年英国人J.帕克尔发明了单管多膛手摇连发枪，因其枪身笨重、装弹困难，未能得到发展。1861年美国人R.J.加特林发明的手摇式转管连发枪，是世界上最早依靠手动完成连发射击的机枪，被视为现代机枪的鼻祖。1884年英籍美国人H.S.马克沁研制的马克沁机枪，是世界上最早利用机枪

发射时的火药燃气能量完成连发射击的机枪,这一发明在枪炮发展史上开了自动武器的新纪元。1890年出现的电动10管加特林机枪,是世界上最早依靠外部能源带动完成连发射击的机枪。1902年世界上最早的轻机枪–麦德森机枪出现。1918年德国军队率先装备大口径机枪。1934年世界上第一种通用机枪–MG34机枪诞生。此后几十年来,机枪的发展始终是在保持足够威力的前提下,尽量减轻重量、简化结构、提高射击精度和持续作战能力。

发展趋势

发展小口径班用枪族;努力实现步、机枪弹药通用化、零部件互换化、大口径机枪轻型化;开发新弹种,提高大口径机枪的穿甲能力;配用更加先进的夜视瞄准装置以满足全天候作战要求。

中国1985年式12.7毫米高射机枪

该枪是中国在1977年式高射机枪的基础上改进而成的一种高射、平射两用机枪,1985年设计定型并开始生产。

该枪口径12.7毫米,发射1954年式12.7毫米枪弹。有效射程1600米(对空中目标)、1500米(对火力点)、800米(对轻装甲目标)。供弹方式为弹链供弹,弹链容量60发。配有光学瞄准镜,司进行远距离及夜间瞄准射击。该枪结构简单、紧凑、重量轻,操作灵活,携行方便。

中国1985年式12.7毫米高射机枪

第六节　榴弹发射器

榴弹发射器(grenade launcher)是指发射小型榴弹的轻武器。其外形、结构和使用方式与步枪和机枪相似，故又称"榴弹枪"或"榴弹机枪"。主要由发射管、机匣、瞄准装置、击发机构、保险机构等组成。一般口径为20～60毫米，火力介于手榴弹和迫击炮之间。主要用于杀伤近距离有生目标，也可打击薄壁装甲目标。是一种用途广泛的步兵分队伴随支援武器。

分类

按自动化程度，榴弹发射器可分为非自动、半自动和全自动三种。非自动榴弹发射器，只能单发装填、单发射击，又称"单发榴弹发射器"。自动榴弹发射器，可以自动装填，但只能单发射击。全自动榴弹发射器，既能自动装填、又能连发射击，亦称"榴弹机枪"。其自动方式多为自由枪机式或导气式，供弹方式多采用弹链或弹鼓，配有三脚架。特点是射速高、火力密度大，但因重量较大导致机动性差。按结构形式的不同，榴弹发射器又有整体型和附装型之分。前者有肩托或座板，可直接抵肩射击或拄地射击；后者无肩托，附装在步枪枪管下方射击。

简史

第一次世界大战期间，出现了发射手榴弹的掷弹筒，开创了榴弹发射器的先河。第二次世界大战期间，日军装备了口径为89毫米的掷弹筒，其结构和使用方式类似简易的迫击炮，但却采用与迫击炮不同的高低压室发射原理。弹丸初速虽低，但跳动不大，后坐力也小。第二次世界大战后期，德军

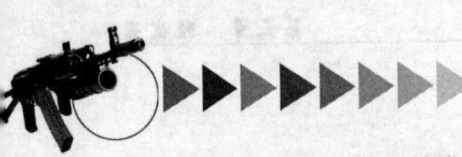

用改装的27毫米信号枪发射榴弹,对付敌军步兵和坦克,这种"大口径战斗手枪"可算是枪械型榴弹发射器的雏形。1960年美军在越南战争中率先使用M79式40毫米非自动榴弹发射器;1967年又投入使用Mk19全自动榴弹发射器;1969年研制出M203枪挂式榴弹发射器,这种发射器把分别具有平直弹道和弯曲弹道的两种武器结合在一起,使步枪手同时拥有点杀伤与面杀伤的两种火力。1975年苏联研制出采用高压室发射原理的30毫米AGS17自动榴弹发射器。与采用高低压室发射原理的榴弹发射器相比,这种榴弹发射器的药筒结构有所简化,但初速变化较大。20世纪70年代末,比利时研制出采用弹射发射原理的PRB404榴弹发射器。这种新的榴弹发射器发射时无烟、无焰、声音很小,性能较前有很大提高。此后数十年来,榴弹发射器的研制工作从未停止,装备和使用榴弹发射器的国家也越来越多。

南非ARAM40毫米榴弹发射器

该发射器是南非阿姆斯科公司1992年研制的一种后装、线膛整体型单发榴弹发射器。装备南非国防军,用以取代原装备的美国M79式40毫米单发榴弹发射器,同时也出口国外。

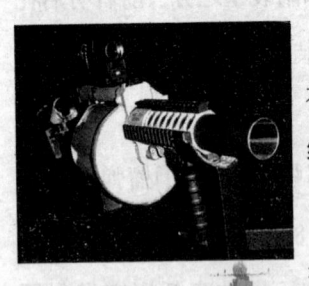

该发射器是口径40毫米,发射各种40×46毫米SR榴弹,如杀伤弹、烟幕弹、照明弹、信号弹和训练弹等。发射器重3.5千克,发射器长665毫米(托展时)/475毫米(托缩时),初速76米/秒,最大射程425米,有效射程375米。

南非ARAM40毫米榴弹发射器

新加坡 CIS-40GL40 毫米榴弹发射器

该发射器是新加坡特特许工业公司 20 世纪 90 年代研制的一种摆动式后装、线膛整体/附装型单发榴弹发射器。口径 40 毫米,发射 40×46 毫米 SR 各式榴弹。

该发射器重 2.05 千克(装肩托)/1.7 千克(不装肩托),发射器长 655 毫米,初速 76 米/秒,最大射程 400 米,破甲厚 50 毫米。采用模块化设计,可借助联结支座安装在步枪下方,也可单独使用,重量较小。发射管、机匣、肩托由铝合金制成,发射管上方装有准星和框式表尺板,外侧套装有护木,发射管与机匣侧向铰接。机匣下方装有小握把和扳机,机匣左侧设有闭锁杠杆和保险机。框式表尺板可折叠于发射管上方,并可进行射角和方向的瞄准修正。瞄准基线 178 毫米,标尺分划间隔 50 米,瞄准距离 50～350 米。通常发射器安装肩托组件,呈整体型榴弹发射器,作为单兵武器使用;当卸下肩托组件,装上步枪结合器后,可装在步枪上,呈附装型榴弹发射器。

新加坡 CIS-40GL40 毫米榴弹发射器

英国"希尔顿"多用途榴弹发射器

该发射器是英国希尔顿枪械公司生产的一种身管翻转、后膛装填的多用途单发榴弹发射器。20 世纪 90 年代初装备英国军队和警察部队。

英国"希尔顿"多用途榴弹发射器

该发射器具有配套齐全的积木式结构件，通过更换或插入不同口径、长度和结构的枪管，可以发射5.56毫米、7.62毫米、25毫米、37毫米、40毫米口径的弹药，发射器最大重量2.8千克，发射器最大长度828毫米，射速6~8发/分，积木组件数量9件。

中国Lz87式35毫米自动榴弹发射器

该发射器是中国20世纪80年代末开始研制的一种自动榴弹发射器。1995年设计定型，1997年装备部队。主要作为步兵重型火力支援武器。

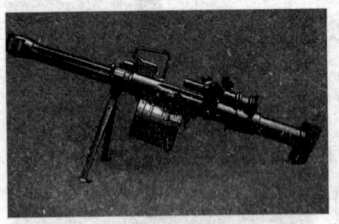

中国Lz87式35毫米自动榴弹发射器

该发射器口径35毫米，发射35毫米杀伤榴弹和破甲杀伤弹。为轻、重两用型：轻型安装固定式两脚架重型加装三脚架。发10发榴弹在发射器内以扇形排成两列，以不同射角射出，达到一定的火力覆盖面积。射程为200米时，火力覆盖面积（横宽×纵深）140×35；射程为300米时，火力覆盖面积为150×80米。该发射器配有象限机械瞄准具，瞄准具可拆卸。

第七节　火箭筒

火箭筒（rocket launcher）是指发射火箭弹的便携式反坦克武器，又称火箭发射器。

组成

一般由筒身、击发机、握把、肩托和瞄准具组成,有的还配有脚架。大多肩扛射击,发射带有火箭发动机的小型火箭弹。配有破甲弹、杀伤弹和其他特种弹,主要用于近距离打击坦克及其他装甲车辆,也可用于杀伤有生目标,摧毁土木工事及火力点等。

分类

按重量,火箭筒分为轻型和重型两种。轻型火箭筒,一般在7千克以下,有效射程小于300米,垂直破甲深度约400毫米;重型火箭筒,一般大于7千克,有效射程大于300米,垂直破甲深度超过400毫米,有的超过700毫米。重型火箭筒配2～3名射手。按使用特点,火箭筒分为一次使用型和多次使用型。一次使用型火箭筒,弹、筒全备,筒身既是发射具,又是密封携行包装具,一次使用,发射后丢弃,操作比较简便,但经济性差。多次使用型火箭筒,弹筒分离携带,筒身多次使用,经济性好。按射程,火箭筒分为远程(300米以上)、近程(150～300米)和超近程(150米以下)三种。此外,火箭筒还可以按发射弹药的特点,分为增程式和非增程式两种类型。前者发射增程火箭弹,后者发射普通火箭弹。两者相比,后者明显落后,已较少发展。

简史

最早的火箭筒是美国的M1式60毫米火箭筒,1942年首次出现在北非战场,用于打击德军坦克。这种俗称"巴祖卡"的火箭筒初速低、精度差,垂直破甲深度仅127毫米。1962年美国生产的M72型66毫米轻型火箭筒,首次采用发射筒兼包装具的一次性使用方式,这种设计既减轻了士兵的战斗负荷,又加强了步兵的反坦克火力。20世纪50年代末,苏联研制的RPG–2

火箭筒,发射增程火箭弹,火箭筒的射程和破甲威力都较前有较大提高。

60年代以后,随着装甲与反装甲技术的进步与发展,一些采用新材料、新技术研制的新型坦克和装甲车辆纷纷涌现,作为反装甲武器的火箭筒也随之进入一个新的发展时期。主要表现在:①口径或弹径从60~80毫米增大至80~120毫米,研制成功串联式空心装药战斗部,使破装有附加反应装甲的坦克。②普遍配用光学瞄准镜,有的还配用夜视瞄准镜及简易火控系统,命中概率大幅度提高,夜战能力大大增强。③发射方式得到改进,如采用高低压发射装置、平衡抛射系统等,减小了发射特征(火焰、光、噪声等),使火箭筒能够在窄小空间内发射,增大了在战场上的隐蔽性和生存能力。④配用的弹药品种增多,不但用于反坦克、反装甲,还可用于爆破、杀伤、照明、施放烟火等。⑤使用更加方便,缩短了战场反应时间。

发展趋势

开发具有杀伤、爆破等多种功能的新弹种;进一步增大破甲威力;应用光电技术提高对运动目标的命中率;研制能自动搜索和摧毁目标的智能火箭筒等。

中国单兵云爆火箭

该火箭是我国近年来新开发的80系列武器之一,属于爆燃型燃料空气弹(即集爆炸和燃烧两种功能于一身),2002年研制单位完成设计定型并出口,定型号为WPF89-1式80毫米步兵攻坚火箭。该产品威力大、性能可靠、对建筑物、人员和仪器设备具有较强的毁伤能力。由于WPF89-1是一筒七弹

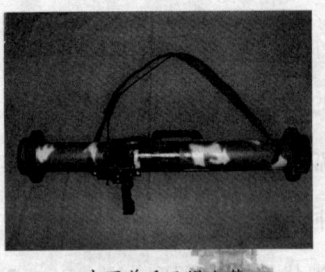

中国单兵云爆火箭

配置(即一个发射具可以发射七发火箭弹),发射筒与火箭弹需要现场装填,发射准备时间较长,操作步骤多,不够机动灵活,若操作不正确,则会出现故障。因此,研制单位于2003年在WPF89-1和PF89A式单兵攻坚弹的基础上,将其研制成弹筒合一、一次性使用的步兵云爆火箭。

中国 PF98 火箭筒

该火箭筒是于上世纪90年代末期装备我军。该武器系统是我国自行设计研制的步兵反坦克武器,用于攻击坦克、装甲车辆、自行火炮,歼灭和压制暴露的有生力量及火器,摧毁敌野战坚硬工事及火力点等。

连用型 PF98 简便立姿射击

PF98武器系统分为营用和连用两种。PF98配用的火箭弹包括破甲火箭弹和多用途火箭弹两种。破甲火箭弹具有破坏反应装甲、主装甲及杀伤有生力量的能力,主要用于对付坦克等装甲目标,也可用于对付火力点。多用途火箭弹具有破甲、杀伤、燃烧作用,主要用于摧毁步兵战车、轻型装甲车辆、火器、装备,杀伤暴露的有生力量,也可用于破坏轻型野战工事和坑道。

第四章　战斗舰艇

第一节　概述

战斗舰艇(fighting ship)是指直接参与作战的各种舰艇的统称,是海军的主要装备。主要用于海上机动作战,进行战略核突击,保护己方或破坏敌方海上交通线,进行封锁或反封锁,参加抗登陆或登陆作战等。

分类

按作战活动水域,通常分为水面战斗舰艇和潜艇。

水面战斗舰艇包括航空母舰、直升机母舰、战列舰、巡洋舰、驱逐舰、护卫舰、猎潜艇、导弹艇、鱼雷艇、护卫艇、水雷战舰艇和登陆作战舰艇等。潜艇分为战略导弹潜艇和攻击潜艇等。其中,直升机母舰、战列舰已逐渐退出现役。本书主要介绍航空母舰、巡洋舰、驱逐舰、护卫舰、导弹艇、水雷战舰艇、登陆作战舰艇和潜艇。

水面战斗舰艇,正常排水量500吨及其以上的,通常称为舰;500吨以下的通常称为艇。潜艇则不论排水量大小，统称为艇。现代水面战斗舰艇的满载排水量，最大的超过10万吨，航速最大60节，续航力最大8000海里（核动力航空母舰可达100万海里以上），自给力达到90昼夜。

潜艇的水下排水量最大达48000吨，水下航速最大达42节，续航力20000海里（核动力潜艇可达40万海里以上），自给力90昼夜，下潜深度600米，有的可达900米。共同特点是船体结构坚固，具有良好稳性、耐波性和适航性；根据不同的使命任务，装有各种武器系统和电子设备，既可实施攻击又可进行防御，在较复杂的情况下，可以保证快速反应和机动作战。

组成

现代战斗舰艇的技术复杂、知识密集，集中反映一个国家的工业水平和科学技术水平。一般由船体、动力装置、武器系统、指挥控制自动化系统、探测、通信和导航系统、电子对抗系统、船体设备与舰艇管路系统、防护设施、舱室等组成。

1. 船体

水面战斗舰艇的船体，一般由主船体和上层建筑构成。主船体是由外板和上层连续甲板包围起来的水密空心结构。用于保证船体的强度、刚度、稳性、浮性、不沉性和满足各舱室安装设备的需要。上层建筑指上甲板以上各种围蔽建筑物。一般只承受局部外力，结构较单薄。主船体材料多为金属材料，一些高速艇，如鱼雷艇、导弹艇、气垫登陆艇等，多采用比重较轻的钛合金或铝合金，反水雷舰艇多用低磁或无磁的复合材料、木材制成。潜艇艇体由耐压艇体和非耐压艇体构成。

2. 动力装置

为舰艇提供动力和能源。航空母舰、战列舰和巡洋舰一般采用核动力装置、蒸汽轮机动力装置和燃气轮机动力装置；驱逐舰、护卫舰一般采用蒸汽轮机动力装置、燃气轮机动力装置、柴油机动力装置和柴油机－燃气轮机联合动力装置；潜艇一般采用核动力装置、柴油机－电动机联合动力装置和电力推进装置。导弹艇、鱼雷艇、猎潜艇和水雷战舰艇普遍采用柴油机动力装置、燃气轮机动力装置、柴油机－燃气轮机联合动力装置；登陆作战舰艇一般采用柴油机动力装置和蒸汽轮机动力装置。

3. 武器系统

用于舰艇作战攻击和防御，消灭敌方空中、水面、水下或地面目标。包括航空母舰上携载的各种舰载机、舰载直升机和其他战斗舰艇装备的舰舰导弹、舰空导弹、潜地导弹、潜舰导弹、海射对陆攻击巡航导弹、舰炮、鱼雷、水雷、深水炸弹和反水雷武器等。每艘战斗舰艇按其使命任务装有一至数种武器，多以一种武器为主，其余为辅。

4. 指挥控制自动化系统

简称舰艇指控系统，是舰艇作战指挥的核心。由计算机系统、人－机联系系统、通信分系统和火力控制跟踪、接口设备构成。其功用是收集探测设备获取的作战情报，并汇总舰艇导航设备、武器系统或舰艇编队的有关数据，进行综合处理；实时显示战场态势，作出威胁判断；锁定打击目标，分配舰载武器；控制本舰或舰艇编队所载武器对所要打击的目标进行攻击。

5. 探测、通信和导航系统

探测系统，用于探测目标，为舰艇指控系统提供目标信息。由舰艇雷达、声呐、光电探测设备等构成。通信系统，用于舰艇内外的信息传输，保障作战指挥通信联络。由多波段无线电台、视觉和音响通信设备、舰艇内有线通信设备等构成。导航系统，用于为舰艇提供航向、航速、航程、水深、航行时间、舰位等基准数据,以保证航行安全、战术机动和有效地使用武器装备。由各种罗经、导航仪器设备、测深仪、计程仪等构成。

6. 电子对抗系统

主要任务是应用声、光、电、磁等各种手段对战区复杂信号环境进行侦察,对敌方威胁信号进行搜索、识别、定位和跟踪;施放电磁干扰,对敌方通信、制导、火控等电子设备实施软杀伤,保护己方电子设备作战效能正常发挥;按照威胁告警的类别和等级,合理分配干扰资源,优化火力配置,对敌方信号辐射源实施硬摧毁。一般由舰载侦察告警、电子干扰、舰载机干扰吊舱、反辐射武器及电子对抗管控中心组成。

7. 船体设备与舰艇管路系统

船体设备,亦称舾装设备。通常包括舵、系船、关闭、桅杆、救生等设备和航空母舰上的舰载机升降机、起飞弹射器、降落拦阻、助降等装置。

舰艇管路系统,亦称船舶系统。包括舰艇排水、纵横倾平衡、灭火、弹药舱浸水、通风、空调、供水、暖气和油污水处理等管路系统。

8. 防护设施

主要包括舰艇消磁、降噪消音、减小热辐射、减小微波反射能量的隐身设施,防核、防化学和防生物武器的设施,局部加强装甲防护设施,船体防护设施和舰艇损害管制设施等。

第二节　航空母舰

航空母舰(aircraft carrier)以舰载飞机、舰载直升机为主要武器,并作为其海上活动基地的大型水面战斗舰艇。它是现代海军水面战斗舰艇最大、也是作战能力最强的舰种,它是一个国家海军力量的重要象征。主要用于攻击敌水面战斗舰艇、潜艇和大、中型勤务舰船;袭击沿岸基地、港口设施和陆上目标;夺取作战海区的制空权和制海权;支援登陆和抗登陆作战等。通常与巡洋舰、驱逐舰、潜艇等护航兵力组成航空母舰编队行动,执行多种作战任务。鉴于航空母舰在一个国家军事力量中的重要地位,我国目前也在考虑建造自己的航空母舰。2009年3月20日,我国国务委员兼国防部长梁光烈会见日本防卫大臣时就表示:"在大国当中没有航母的只有中国,中国不能永远没有航母。"

分类与特点

现代航空母舰按作战任务分为攻击航空母舰、反潜航空母舰和多用途航空母舰;按排水量,分为大型(6万吨以上)航空母舰、中型(3万~6万吨)航空母舰和小型(3万吨以下)航空母舰;按动力装置,分为常规动力航空母舰和核动力航空母舰。攻击航空母舰,是以舰载攻击机、战斗机为主要武器的航空母舰,多为大、中型。反潜航空母舰,是以舰载反潜机、舰载反潜直升机为主要武器的航空母舰,多为中、小型。多用途航空母舰是以舰载攻击机、战斗机、反潜机等为主要武器的航空母舰,能担负防空、反舰、反潜等多种作战任务,多为大型。航空母舰的特点是攻击威力大、航海性能好、防护能力强,但船体物理场大,易被敌方探测而遭攻击,而且造价昂贵,生产周期长、战时受损,补充困难。

宽敞的飞行甲板是航空母舰的主要特征。甲板长180~340米、宽21~77米,划有舰载机起飞区、降落区和特飞区,能保证多架舰载机同时起飞和降落。甲板上设有舰载机升降机、起飞弹射器、降落拦阻装置和助降装置等。岛形上层建筑处在飞行甲板中段的右舷。甲板下设有大型机库和油料、弹药舱室。

简史

早在1910年11月和1911年1月,美国先后在两艘巡洋舰临时敷设的木质跑道上进行飞机起飞和降落试验成功。1918年英国将一艘商船改装成具有全通飞行甲板的"百眼巨人"号航空母舰。1922年日本建成专门设计的"凤翔"号航空母舰。第二次世界大战前夕,航空母舰的数量有所增加,计有:美国7艘、英国7艘、日本10艘、法国2艘。第二次世界大战期间,1941年12月7日,日本以6艘航空母舰为主力,袭击珍珠港,重创美国太平洋舰队。此后,太平洋战区发生的珊瑚海海战、中途岛海战、莱特湾海战、冲绳海战和大西洋战区的多次海战,交战双方都是以航空母舰为主力进行的,充分显示了航空母舰在海战中的地位与作用。

第二次世界大战后,随着航空与造船技术的发展,航空母舰的发展步伐加快。从20世纪50年代起,一些新研制的航空母舰已能搭载喷气式舰载机,开始采用斜角飞行甲板、大功率蒸汽弹射器和新型拦阻、助降装置,采用燃气轮机、核动力装置,装备新一代武器系统和作战指挥系统等。如美国的"福莱斯特"级、英国的"无敌"级、苏联"库兹涅佐夫"级和法国"夏尔·戴高乐"级航空母舰等。至2000年,世界上有10个国家拥有现役各种航空母舰共23艘。1964年8月5日美国以"北部湾事件"为借口,出动"独立"号航空母舰,用舰载机对越南北方4个鱼雷营地和油库进行轰炸,把越南战争的战火扩大到北方。1982年英阿马尔维纳斯(福克兰)群岛战争中,英国以"竞技神"号、"无敌"号2艘航空母舰为主力组成航空母舰战斗群参与对阿根廷作战。1991年海湾战争中,多国部队有8艘航空母舰参战,出动舰载机3500

架次,对伊拉克全境实施空中打击,为"沙漠盾牌"行动取得胜利发挥了重要作用。2003年伊拉克战争中,美英联军在海湾地区部署了6个航母战斗群,航母舰载机400架左右。

发展趋势

一些主要海军国家将继续发展大型核动力多用途航空母舰。美国正在论证新一代CVNX级核动力航空母舰,该舰满载排水量11万吨,按隐身、创新动力系统、全舰咨询网络、新概念飞机起飞与着舰回收装置,以及携带舰载无人驾驶飞机等高技术进行设计,以继续保持"海上巨无霸"地位。

俄罗斯"库兹涅佐夫"级航空母舰

该舰是前苏联乌克兰尼古拉耶夫造船厂建造的多用途航空母舰,是前苏联的第三代航空母舰。首制舰1991年1月建成服役,曾以"第比利斯"号命名。苏联解体后,易名"库兹涅佐夫"号。配属俄罗斯海军北方舰队。主要使命:在岸基航空兵作战半径以外的海域执行反潜、反舰和防空作战;扩大海上防御范围,确保战略导弹潜艇安全;破坏敌方海

"库兹涅佐夫"级航空母舰

上交通线;支援登陆作战等任务。

标准排水量43000吨,满载排水量55000吨。舰长304.5米,舰宽72米,吃水10.5米。滑橇式甲板与舰长、舰宽相同,固定翼舰载机起飞无需弹射器,只靠滑跃就能起飞。最大航速29节,经济巡航速度18节。航速18节

时,续航力8500海里。编制舰员1960名,其中空勤人员626名、旗舰军官40名。装锅炉8座,蒸汽轮机4台,功率4×36776千瓦,4轴推进,另有汽轮发电机9台,功率9×1500千瓦;柴油发电机电6台,功率6×1500千瓦。

该舰可携载苏-27战斗机12架、雅克-141攻击机16架、卡-27反潜直升机24架。舰上装有12单元SS-N-19远程舰舰导弹垂直发射装置1座(备弹12枚)、6单元SA-N-9舰空导弹垂直发射装置4座(备弹192枚)、SA-N-11"嘎什坦"弹炮结合防空武器系统8座(备导弹256枚和炮弹4800发)、RBU-12000火箭式深水炸弹发射炮2门(备弹60枚)。主要电子设备有:多功能相控阵雷达、对空/对海搜索雷达、对海搜索雷达、导航雷达、导弹制导雷达、炮瞄雷达、飞行管制雷达、敌我识别雷达,以及无线电通信系统、卫星通信系统、电子对抗系统、作战控制情报系统、舰壳声呐和箔条施放装置等。

法国"戴高乐"级核动力航空母舰

该舰是法国布雷斯特海军造船厂建造的核动力中型航空母舰,是"克莱蒙梭"级航空母舰的后继舰。首制舰"夏尔·戴高乐"号2000年9月28日建成服役,造价185亿法郎(约35亿美元)。该级舰服役后,使法国成为继美国之后,第二个拥有核动力航空母舰的国家,从而使目前法国舰基航空兵实力居世界第二位。

法国"戴高乐"级核动力航空母舰

最新武器面面观

标准排水量36600吨,满载排水量40600吨。舰长261.5米,舰宽64.4米,吃水8.5米。飞行甲板与舰长、舰宽相同。最大航速28节。自给力45昼夜。编制舰员1256名(其中军官94名)、空勤人员610名和旗舰指挥人员42名。另可增加800名陆战人员临时铺位。装PWR型压水反应堆2座、蒸汽轮机2台,总功率56000千瓦,双轴推进。

该舰可携带舰载机和舰载直升机35至40架,包括"阵风"战斗机、"超军旗"攻击机、E-2C"鹰眼"预警机和"黑豹"直升机等。舰上装有8单元"紫菀"15舰空导弹垂直发射装置4座、六联装"西北风"舰空导弹发射装置2座、20毫米舰炮8座,以及"萨盖"10管箔条弹发射装置等。主要电子设备有:对空搜索雷达、对空/对海搜索雷达、导航雷达、火控雷达、声呐、红外探测仪、电子干扰机、战术数据系统,以及11号数据链、14号数据链、16号数据链、舰队通信系统和指挥支援系统等。

美国"尼米兹"级核动力航空母舰

该舰是美国纽波特纽斯造船公司建造的以舰载攻击机、战斗机、反潜机为主要武器的核动力多用途航空母舰。"尼米兹"级核动力航空母舰,是美国继"企业"号核动力航母之后的第二代核动力航空母舰,也是目前世界上排水量最大、在役数量最多、水面作战能力最强的舰艇,有"超级航空母舰"之称。首制舰"尼米兹"号

"尼米兹"级"布什"号核动力航空母舰

1975年5月建成服役，至2009年已建成10艘。目前在役的"尼米兹"级航母有："尼米兹"号、"艾森豪威尔"号、"文森"号、"罗斯福"号、"林肯"号、"华盛顿"号、"斯坦尼斯"号、"杜鲁门"号、"里根"号、"布什"号。

由于"尼米兹"级建造时间长达数十年，所以各舰之间有一些差别，仅排水量一项，前3艘"尼米兹"标准排水量为81600吨，满载排水量为91487吨，第4艘"罗斯福"号满载排水量则达到了96386吨，而其后的"林肯"号、"华盛顿"号、"斯坦尼斯"

"尼米兹"级"杜鲁门"号核动力航空母舰

号、"杜鲁门"号、"里根"号满载排水量均已超过100000吨。

该舰可携载战斗机、攻击机、反潜机、电子战飞机、预警机、直升机等90架。舰上装八联装"海麻雀"舰空导弹防御系统3座、6管20毫米"密集阵"近程舰炮武器系统4座。主要电子设备有：三坐标对空警戒雷达、远程搜索雷达、对海搜索与导航雷达、导弹制导火控雷达、航空管制/全自动着舰引导雷达，以及电子对抗系统、海军战术数据库系统、作战指挥控制系统、卫星通信系统和卫星导航系统等。

2009年服役的"尼米兹"级"布什"号核动力航空母舰，使用了更加先进的技术，现代化程度更高。在动力上，舰上两个核反应堆可供军舰连续工作20年而不需要添加燃料；在自身防护方面，更加重视水下防护和对反舰导弹的防护，两舷、舰底、机库甲板都是双层船体结构，舰内有数十道水密横舱壁，水下部分有增厚甲板、多层防雷隔舱；在攻击力方面，它最多可搭载近

100架飞机,并拥有多座对空导弹发射系统和近防炮。"布什"号属于向新型航母过渡的航母,体现了更多的最新科技,比如,它拥有更先进的雷达和导航仪器,内置线缆和天线均,从而更突出了隐身性;它的自动化管理程度更高,舰上一次装载的食物可供全舰6000名官兵使用90天。

2001年10月,"尼米兹"级"文森"号(舰载机78架)、"斯坦尼斯"号、"罗斯福"号(舰载机80架)先后参加了对阿富汗的军事行动。

泰国"差克里·纳努贝"号航空母舰

该舰是泰国购自西班牙埃尔费罗尔船厂的小型航空母舰,1997年3月交付泰国海军,舷号为911,造价2亿美元。平时主要执行巡逻、海上救灾、处置海上犯罪事件等任务;战时主要执行空中支援作战任务。该舰借鉴了西班牙"阿斯图里亚斯王子"号的成功经验,并有"青出于蓝而胜于蓝"的意味。该舰的吨位比"阿斯图里亚斯王子"号几乎缩小了1/3(当今世界上排水量最小的航空母舰),而其装载飞机的数量仅减少1/4,所以吨位虽然缩小,但是单位排水量的载机率还是相对提高了。

"差克里·纳努贝"号航空母舰

该舰满载排水量11485吨。舰长182.6米,舰宽30.5米;飞行甲板长174.6米,宽27.5米,吃水6.2米。最大航速26节(只用柴油机,航速16节)。航速12节时,续航力10000海里。编制舰员455名;空勤人员146名;皇室人员4名。采用柴-燃联合动力装置,装2台柴油机和2台燃气轮机,总功率41670千瓦,双轴,可调距螺旋桨推进。

该舰可携带AV-8B垂直/短距起落战斗机6架、S-70B"海鹰"直升机6架。舰上装有8单元"海麻雀"舰空导弹垂直发射装置1座、6管20毫米"密集阵"近程舰炮武器系统4座、30毫米舰炮2座。主要电子设备有:对空搜索雷达、对海搜索雷达、火控雷达、导航雷达、飞机进场管制雷达、战术空中导航雷达等,以及舰壳声呐系统、电子对抗系统和作战数据处理系统等。

西班牙"阿斯图里亚斯王子"号航空母舰

该舰是西班牙巴赞造船公司埃尔费罗尔船厂建造的用于搭载垂直/短距起落舰载机的小型航空母舰。该舰1988年5月建成服役,造价约2.75亿美元,主要用于区域防空、反潜和进行空中支援作战任务等。

满载排水量17188吨。舰长195.5米,舰宽24.3米;飞行甲板长175.3米,宽29.4米,吃水9.4米。最大航速26节。航速20节时,续航力6500海里。编制舰员555名;航空和旗舰指挥人员208名。装燃气轮机2台,总功率34000千瓦,单轴、可调距螺旋桨推进。

"阿斯图里亚斯王子"号航空母舰

该舰可携带AV-SB"斗牛士"垂直/短距起落舰载战斗机6~10架,S-61"海王"直升机6~10架,AB212通用直升机2~4架、SH-60B"海鹰"反潜艇反舰直升机2架。舰上装有12管20毫米近程防御武器系统4座、37毫米舰炮2座,以及6管红外曳光弹和箔条弹发射装置4座等。主要电子设备有：对海搜索雷达、对空搜索雷达、飞机进场管制雷达、火控雷达、导弹预警雷达、战术空中导航雷达等，以及作战指挥控制系统、11号、14号数据链和卫星通信系统等。

该舰以美国吉布斯·考克公司20世纪70年代初设计的制海舰为母型，结合西班牙海军的特殊要求进行设计建造。舰艏采用球鼻艏；飞行甲板舰艏为12°角的跃飞甲板；跑道中心线，从舰艉左舷向舰艏右舷与纵中线有3°夹角。1990年曾进行部分改装，使舱室布置更加合理，可增住6名军官和50名技术人员，为停机坪上的直机设置了保护装置。

第三节 巡洋舰

巡洋舰（cruiser）具有多种作战能力，主要用于远洋作战的大型水面战斗舰艇。是海军战斗舰艇的主要舰种之一。主要用于掩护航空母舰编队和其他舰船编队；保卫己方和破坏敌方的海上交通线；攻击敌方舰艇、基地、港口和岸上目标；支援登陆和抗登陆作战；担负海上编队的指挥舰等。是战列舰退出历史舞台后，仅次于航空母舰的战斗力最强的水面舰艇。

现代巡洋舰满载排水量5000～25000吨，最大航速30～35节。采用常规动力或核动力装置，总功率4.4万～11万千瓦。续航力4000～160000海里。普遍装有舰空导弹、舰舰导弹、反潜导弹和新型全自动中口径舰炮、多管小口径近程舰炮武器系统、水中武器，以及先进的电子设备和舰艇指挥自动化系统等。携带反潜或多用途武装直升机1～3架，具有攻防能力强、适航性好、活动半径大、能担负多种作战任务的特点。

简史

在风帆战船时代，巡洋舰装舰炮较少，主要用于巡逻、护航。蒸汽船时代，巡洋舰多为明轮巡航炮船。19世纪60年代开始建造现代巡洋舰。第一次世界大战期间，出现了满载排量3000～4000吨级巡洋舰。动力装置为蒸汽轮机，开始用燃油代替燃煤，航速增至30节，装备127～152毫米舰炮和多联装鱼雷发射装置，能压制对方驱逐舰；引导、支援己方驱逐舰进行战斗，成为战斗力较强的战舰。

第二次世界大战初期，出现排水量大于10000吨、舰炮口径为155～203毫米的重型巡洋舰和排水量小于10000吨、舰炮口径小于155毫米的轻型巡洋舰。以后又出现了满载排水量27000吨、装备口径达305毫米舰炮的超大型巡洋舰，亦称战列巡洋舰。第二次世界大战中的多次海战，巡洋舰发挥了重要作用。战后，由于航空母舰雄踞主力舰地位，巡洋舰发展受到一定影响。直到1955年美国将重型巡洋舰"波士顿"号改装成世界上第一艘导弹巡洋舰和1961年又建成世界上第一艘核动力导弹巡洋舰"长滩"号后，又引起了世界各国对发展新型巡洋舰的重视，从而推动了现代巡洋舰的发展。英、法、苏、意等国也相继建造了具有现代作战能力的导弹巡洋舰。较典型的巡洋舰有：美国的"提康德罗加"级、俄罗斯的"光荣"级常规动力巡洋舰和美国的"弗吉尼亚"级、俄罗斯的"乌沙科夫海军上将"级核动力巡洋舰等。

近年来，世界各国都没有建造新的巡洋舰。唯美国作为"海上革命"计划，提出了发展"攻击型-2000"巡洋舰的设计蓝图。该级舰拟采用隐身技术，配备多功能、大能量导弹垂直发射装置和粒子束、激光、电磁炮等新概念武器，以及能处理各种信息的"神经计算机"等高技术装备，以使未来的巡洋舰达到新的攻防能力,更加有效地发挥舰队主力舰的作用。

美国"提康德罗加"级巡洋舰

该舰是美国英格尔斯造船公司建造的多用途巡洋舰,被誉为"当代最先进的巡洋舰"。首制舰"提康德罗加"号于1983年1月建成服役。该级舰共造27艘,是世界上首型安装"宙斯盾"舰空导弹武器系统的巡洋舰。主要任务是担负航母特混舰队的对空防御。

标准排水量7015吨,满载排水量9590吨。舰长172.8米,舰宽16.8米,吃水9.5米。航速30节。航速20节时,续航力6000海里。编制舰员358名,其中军官24名。动力装置为全燃联合动力装置,装LM-2500燃气轮机4台,总功率64160千瓦,双轴、双舵、可调距螺旋桨推进。

美国"提康德罗加"级巡洋舰

该舰甲板上设有直升机平台,可携带SH-60B"海鹰"/SH-2F"海妖"反潜直升机2架。舰上装Mk41型垂直发射系统2套(备弹122枚,可发射BGM-109"战斧"巡航导弹、"标准"2舰空导弹、"捕鲸叉"舰舰导弹、"阿斯洛克"反潜导弹)、127毫米全自动舰炮2座、6管20毫米"密集阵"近程舰炮武器系统2座、三联装324毫米鱼雷发射装置2座。

该舰主要电子设备有:SPY-1A对空搜索相控阵雷达、SPY-1B相控阵雷达、SPS-49(V)对空搜索雷达、SPS-55对海搜索雷达、SPS-64导航雷达、"塔康"战术导航雷达、SPQ-9A 火控雷达、SPG-62 火控雷达、UPX-29 敌我识别雷达、球鼻艏舰壳声呐、拖曳变深基阵声呐，以及 4A 数据链、11 号数据链、16 号数据链、卫星通信系统、协同作战系统等。

在 1991 年海湾战争中，有 10 艘"提康德罗加"级导弹巡洋舰参加美国海军航母舰队护航，并作为巡航导弹的发射平台，向伊拉克发射了第 1 枚"战斧"巡航导弹，为美国"沙漠盾牌"行动的胜利，发挥了重要作用。

2001 年 10 月，"提康德罗加"级巡洋舰参加了对阿富汗的军事行动。

2003 年 3 月，"提康德罗加"级巡洋舰参加了对伊拉克的军事行动。

第四节　驱逐舰

驱逐舰（destroyer）是以导弹、鱼雷、舰炮和舰载直升机为主要武器，具有多种作战能力的中型水面战斗舰艇。海军编队中重要舰种之一。主要用于攻击敌水面舰船和潜艇，担负己方舰艇编队的防空和反潜，以及护航侦察、巡逻、警戒、布雷和救援，支援登陆和抗登陆作战等任务。

现代驱逐舰满载排水量 3500～9574 吨，多数 5000 吨左右，动力装置总功率 37000～80000 千瓦，航速 30～38 节，续航力 4500～14000 海里。根据任务的不同，通常分为防空型驱逐舰、反潜型驱逐舰、对海型驱逐舰和多用途型驱逐舰等。防空型驱逐舰，以舰空导弹、舰炮为主要武器，担负舰艇编队区域防空作战。反潜型驱逐舰，以反潜导弹、鱼雷、反潜直升机为主要武器，用于舰艇编队反潜作战。对海型驱逐舰，以舰舰导弹、鱼雷、舰炮为主要武器,用于对水面舰艇和陆上目标进行攻击,支援登陆和抗登陆作战。多用途型驱逐舰,排水量较大,装有舰空导弹、舰舰导弹、反潜导弹、鱼雷、舰炮、深水炸弹等武器系统,具有防空、反潜、反舰等多种作战能力。

简史

19世纪下半叶,鱼雷艇的出现给大型舰艇构成严重威胁。1892年英国造船技师A.亚罗向海军部建议建造能对付鱼雷艇的军舰。1893年英国亚罗造船公司建成"哈沃克"号和"霍内特"号鱼雷艇驱逐舰,排水量240吨,航速27节,装有舰炮和鱼雷,既能对付鱼雷艇,又能进行鱼雷攻击,这是世界上最早的驱逐舰。1900年美国建成"班布里奇"号驱逐舰,排水量420吨,航速可达29节,装舰炮2门,457毫米鱼雷发射管2具。1916年俄国建成"诺维克"号驱逐舰,排水量1350吨,航速35节,装舰炮5门,三联装450毫米鱼雷发射装置3座,这是当时吨位较大、火力较强的驱逐舰。至第一次世界大战前夕,英、德、俄、法、美、日等国共建成驱逐舰近600艘。第一次世界大战末,美国率先建成带领驱逐舰编队进行攻击的驱逐领舰。

第二次世界大战期间,驱逐舰在许多国家的海军中成为数量最多的舰种,有近2000艘驱逐舰参战,在战争中发挥了重要作用。20世纪50年代出现装有舰空导弹、舰舰导弹和反潜导弹的导弹驱逐舰。1953年美国建成配备"鞑靼人"舰空导弹的"米切尔"级对空型驱逐舰。1957年苏联建成装备SS－N－1型舰舰导弹的"基尔丁"级对海型驱逐舰。随后美、苏、英、法、加拿大、中、日等国也相继建成防空、对海、反潜和多用途等不同类型的驱逐舰。代表性的有:英国的"谢菲尔德"级、法国的"卡萨尔"级防空型驱逐舰,俄罗斯的"现代"级对海型驱逐舰,俄罗斯的"勇敢"级、日本的"白根"级反潜型驱逐舰,美国的"阿利·伯克"级、意大利的"勇敢"级和日本的"金刚"级多用途驱逐舰等。这些驱逐舰普遍采用柴油机、燃气轮机或柴油机－燃气轮机联合动力装置,大多携带反潜直升机,配备舰艇指挥控制自动化系统、电子对抗系统,具有较强的防空、反潜、反舰能力。

发展趋势

趋向大型化,采用全燃气轮机动力装置,装备舰空、舰舰、反潜导弹共用的垂直发射系统、反导弹防御系统和多用途直升机,进一步完善指挥自动化系统和火控系统,提高快速反应能力和远洋作战能力。

俄罗斯"现代"级驱逐舰

该舰是苏联日丹诺夫造船厂建造的对海型驱逐舰。主要用于为航空母舰编队护航。首制舰"现代"号1980年8门建成服役。至2000年已建成16艘,均在俄罗斯海军服役。

该舰标准排水量6500吨,满载排水量7940吨,最大排水量8480吨。舰长156.5米,舰宽17.2米,吃水5.99米。最大航速32.7节,经济速度18节。加最大量燃料,航速18节时,续航力为4500海里。自给力30昼夜。编制舰员344名。装高压锅炉4台、蒸汽轮机2台,总功率7.35万千瓦,双轴推进。另有汽

俄罗斯"现代"级驱逐舰

轮发电机2台,总功率2500千瓦;柴油发电机4台,总功率2400千瓦。

该级舰为短艏楼平甲板型。直升机库为伸缩式,可根据不同需要扩减直升机平台的面积和机库容量。可携带卡－25或卡－27反潜直升机1架。

舰上装有四联装 SSN-22"日炙"超音速舰舰导弹发射装置 2 座、SA-N-7 舰空导弹发射装置 2 座、双联装 130 毫米舰炮 2 座、六联装 30 毫米舰炮 4 座、双联装 533 毫米鱼雷发射装置 2 座、6 管 RBU-1000 火箭式深弹发射炮 2 座、水雷 40 枚。

该舰主要电子设备有：对空搜索雷达、对海/导航雷达、导航雷达、导弹制导雷达、炮瞄雷达、敌我识别雷达，以及主动式舰壳声呐、电子对抗系统、卫星通信系统、作战指挥系统等。

美国"阿利·伯克"级驱逐舰

美国巴斯钢铁公司建造的具有一定的隐身性能的多用途型驱逐舰。该级舰共计划建造 57 艘，首制舰"阿利·伯克"号 1991 年 7 月建成服役。该级舰采用模块化设计，强调舰艇隐身性能，重视防核、防化学和防生物武器的"三防"能力，是美国海军进入 21 世纪的主战舰艇之一，代表了美国海军驱逐舰的最高水平。

该舰标准排水量 6625 吨，满载排水量 8422 吨~9033 吨。舰长 153.8 米，舰宽 20.4 米，平均吃水 6.3 米，最大吃水 9.1 米。最大航速 32 节。航速 20 节时，续航力 4400 海里。编制舰员 308 名，其中军官 22 名。另有备用铺 38 位。采用全燃气轮机动力装置，4 台 LM-2500 燃气轮机，总功率 78330 千瓦，双轴推进。甲板上设有直升机平台，可停放多架 SH-60B"海鹰"多用途直升机。舰上装有 Mk41

美国"阿利·伯克"级驱逐舰

垂直导弹发射装置2座(可发射"标准"Ⅱ增程舰空导弹,"战斧"巡航导弹,"阿斯洛克"反潜导弹,共备弹90枚)、四联装"捕鲸叉"舰舰导弹发射装置2座、127毫米舰炮1座、6管20毫米"密集阵"近程舰炮武器系统2座、三联装324毫米鱼雷发射装置2座、鱼雷诱饵发射装置1座、6管干扰火箭发射装置4座等。

该舰主要电子设备有:SPY-1D相控阵雷达、SPS-67(V)对海搜索雷达、SPG-62火控雷达、SPS-64(V)9导航雷达、URN-25"塔康"战术导航雷达、球鼻艏声呐、拖曳线列阵声呐、电子对抗系统、火控系统、反潜武器控制系统、战术数据处理系统和"宙斯盾"舰空导弹武器系统(该系统的多功能相控阵雷达可同时搜索、跟踪和识别上百个目标,同时引导多枚导弹对多个来袭目标进行拦截)等。

2001年10月,"阿利·伯克"级导弹驱逐舰参加了对阿富汗的军事行动。

2003年3月,"阿利·伯克"级导弹驱逐舰参加了对伊拉克的军事行动。

日本"金刚"级驱逐舰

该舰是日本三菱公司引进美国"阿利·伯克"驱逐舰的技术专利生产的多用途驱逐舰。首制舰"金刚"号1993年3月建成服役。至1998年共建成4艘,后续3艘依次为"雾岛"号、"妙高"号和"岛海"号。"金刚"级驱逐舰的服役,使日本成为继美国之后第二个拥有装备"宙斯盾"舰空导弹武器系统舰艇的国家。

该舰标准排水量7250吨,满载排水量9485吨。舰长161米,舰宽21米,吃水6.2米。最大航速30节。航速20节时,续航力4500海里。编制舰

日本"金刚"级驱逐舰

员307名,其中军官27名。采用全燃联合动力装置,装LM-2500燃气轮机4台,双轴推进,总功率76210千瓦。

该舰设有直升机平台和补给燃料设施,可携带SH-60J"海鹰"多用途直升机1架。全舰武器系统为引进美国的"宙斯盾"作战系统。舰艏装有Mk41型29单元导弹垂直发射装置1座,舰艉装有Mk41型61单元导弹垂直发射装置1座,用以发射"标准"2舰空导弹和"阿斯洛克"反潜导弹。还装有127毫米速射舰炮1座、6管20毫米"密集阵"近程舰炮武器系统2座、四联装"捕鲸叉"舰舰导弹发射装置2座、四联装324毫米反潜鱼雷发射装置2座等。

该舰主要电子设备有:SPY-lD相控阵雷达、"宙斯盾"显示系统、作战指挥控制系统、实时反应系统、武器控制系统、11号通信数据链、14号数据链、电子对抗系统、拖曳阵列声呐、舰壳主动声呐、对海搜索雷达、导航雷达、敌我识别雷达、卫星通信系统和直升机数据链等。

该舰其主要特点是:排水量大、生存能力强、具有远洋作战能力、机动性好;上层建筑物呈锥状,船体两舷侧外伸陡起,有利于减少雷达波的反射,具有较好的隐蔽性;舰内设有增压系统,具有对核、生物、化学武器的防护能力。

日本"高波"级驱逐舰

"高波"级驱逐舰是"村雨"级的后继型和全面升级版。它首艘标准排水量为4560吨,后续服役的"高波"级驱逐舰标准排水量增加到6300吨。在日本"九·九"舰队所编的5艘多用途驱逐舰中,"高波"将是编成里的主力多用途驱逐舰。

"高波"级采取适合远洋作战的动力配置。它配有4台主发动机组成的复合全燃推进系统,双轴推进,全舰合计总功率达到44.1兆瓦,可充分满足它奔赴全球作战的需要。

"高波"级驱逐舰驶离日本广岛县的吴基地

"高波"级的防空能力比"村雨"级有明显强化。它装备新型防空雷达,搜捕空中目标的能力大大加强。它最大武备改进是取消了Mk48垂直发射装置,扩充了Mk41垂直发射装置,增加了武器配备灵活性。它发射新型"海麻雀"防空导弹,弹体增长到6米,增大了射程,还能拦截马赫数2的掠海反舰导弹。"高波"的Mk41垂直发射系统不仅能发射"捕鲸叉"反舰导弹,还可发射"战斧"巡航导弹。

"高波"级驱逐舰最突出的特点是其拥有强大对陆打击火力。它换装"奥托"127毫米炮与可发射巡航导弹的导弹垂直发射系统。127毫米炮重40吨,射速比美国的Mk-45型127毫米炮高一倍,达到了45发/分,使用非增程炮弹时,最大射程23公里。它可以发射所有北约国家为该口径炮研制的全部弹种。若使用激光制导炮弹或GPS制导炮弹,射程就可达117公里,圆概率误差只有10-20米,这将非常有利于打击陆上点状目标,支援登陆作战。

"高波"级装备了新型舰壳声呐,其使用的Mk46-5鱼雷增强了在浅水区对付潜艇的能力。

2008年6月24日至28日,日本"高波"级"涟"号驱逐舰曾访问我国湛

江港。

2009年3月14日，驻扎在广岛县吴基地的"高波"级"涟"号驱逐舰和另一艘"五月雨"号驱逐舰启程，前往索马里海域，为日本相关船只进行护航。两艘驱逐舰各搭载两架直升机，包括海上自卫队的特种部队"特别警备队"在内，共有约400名海上自卫队队员搭乘这两艘舰艇。

印度"德里"级驱逐舰

该舰是印度马扎冈船坞有限公司建造的多用途型驱逐舰。首制舰"德里"号，于1997年建成服役。计划建造4艘。第2艘"迈索尔"号1997年建成服役，第3艘"班加罗尔"号1999年建成服役，第4艘已于1996年开工。

该舰标准排水量5900吨，满载排水量6200吨。舰长163米，舰宽17米，吃水6.5米。

印度"德里"级驱逐舰

最大航速28节。编制舰员350名。采用柴燃联合动力装置，装2台柴油机和2台燃汽轮机，总功率56700千瓦，双轴推进。

该舰设有直升机库，可携带"海王"Mk42B反潜直升机或ALH轻型直升机2架。舰上装有双联装SS-N-22"日灸"中程舰舰导弹发射装置2座、双联装SA-N-7"牛虻"舰空导弹发射装置1座、100毫米舰炮1座、30毫米舰炮4座、三联装324毫米反潜鱼雷发射装置2座、导轨式深水炸弹发射炮2座等。

该舰主要电子设备有：对空搜索雷达、对海搜索雷达、火控雷达、舰壳主动声呐、拖曳变深线列阵声呐，以及电子对抗设备等。该级舰是在前苏联帮助下建造的。

中国052C型驱逐舰

该舰是我国在052B型驱逐舰的基础上改进设计，是中国海军第一代具备相控阵雷达、垂直发射系统的防空型导弹驱逐舰，被誉为"中华神盾"。主要作战使命是负责作战编队的防空、反潜作战以及配合其他舰艇进行反舰攻击。

2008年12月26日，我军052C型"海口"号驱逐舰、052B型"武汉"号驱逐舰及"微山湖"号补给舰组成的远洋舰艇编队赴索马里亚丁湾地区执行护航任务，保护在该海区活动的商船。外报称，中国驱逐舰安装有先进的"海狮"雷达，大大提高了解放军海上侦察能力，能够监控到美国第五海军舰队的行踪。

中国052C型"海口号"驱逐舰

第五节 护卫舰

护卫舰(frigate)是以导弹、舰炮、反潜鱼雷为主要武器的中型水面战斗舰艇，是海军舰艇中数量最多、用途较广的重要舰种。主要用于舰船编队的护航、反潜、巡逻、警戒、侦察及支援登陆作战等。

分类

按排水量大小，分为轻型护卫舰（600～1800 吨）和远洋护卫舰（1800 吨以上）。轻型护卫舰多数是以反潜为主，在近海海区执行作战任务；远洋护卫舰主要用于海洋交通线上执行防空、反舰和反潜等作战任务。按执行作战任务不同，分为防空、对海、反潜和多用途型护卫舰。防空型护卫舰，以舰空导弹为主，主要遂行对空防御作战；对海型护卫舰，以舰舰导弹为主，主要用于攻击水面舰船；反潜型护卫舰，以反潜导弹和水中兵器为主，主要用于搜索、攻击敌方潜艇；多用途型护卫舰，装有多种武器，能完成多种作战任务。

现代护卫舰满载排水量多在 600～5000 吨，航速 24～35 节，续航力 3000～7800 海里。动力装置为柴油机动力装置、柴油机－燃气轮机联合动力装置或全燃气轮机动力装置，双轴推进，总功率 1.5 万～4.54 万千瓦。武器主要有舰舰导弹、舰空导弹、反潜导弹、鱼雷、深水炸弹、中小口径舰炮等武器系统。有的舰上设有直升机机库或平台，可携带多用途舰载直升机 1～2 架。主要电子设备有雷达、声呐、电子对抗系统、指挥控制自动化系统、卫星和数据链通信系统、综合导航系统等。

简史

16～17 世纪，欧洲一些国家把轻快的三桅武装船称为护卫舰。19 世纪中叶，开始采用蒸汽机或蒸汽机与风帆并用的动力装置，排水量逐渐增大。第一次世界大战期间，英、法、俄、美等国家，为保证海上交通线的安全，消除德国潜艇造成的威胁，大量建造轻型护卫舰，满载排水镀 1000～1400 吨，航速 16～18 节。

第二次世界大战中，护卫舰得到广泛应用，交战双方都有大量护卫舰参战，在为运输舰队护航、警戒中发挥了重要作用。当时，世界各国共有护卫舰近千艘，仅美国就建造数百艘。这时期的护卫舰满载排水量1500吨左右，航速18~24节；舰上装76毫米口径以上舰炮2~3座、三联装鱼雷发射装置1~2座、深水炸弹投掷器8~9个，接近驱逐舰的性能。第二次世界大战后，出于保卫领海和专属经济区的需要，护卫舰又有新的发展。苏联在20世纪五六十年代建成"里加"级、"别佳"级等轻型护卫舰100余艘。1966年美国建成"布鲁克"级第一代装有舰空导弹的护卫舰。美、英等国还将2000吨级的驱逐舰改为护卫舰。

70年代以后，随着舰船技术、导弹技术、电子技术的发展，护卫舰的发展更是取得长足进步。新的护卫舰普遍采用柴油机—燃气轮机联合或全燃气轮机动力装置，可携带直升机1~2架，有多种导弹和先进电子装备，具有较强的反舰、反潜和防空能力。如苏联的"克里瓦克"级、美国的"奥利弗·哈泽德·佩里"级、英国的"大刀"级、德国的"不莱梅"级、法国的"拉法耶特"级、意大利的"西北风"级、日本的"阿武隈"级等护卫舰。

21世纪以后，护卫舰的隐身能力得到进一步的加强，代表性的是俄罗斯20380型轻型护卫舰和瑞典"维斯比"级护卫舰。

发展趋势

护卫舰将逐步采用全隐身技术建造；继续改装各种新型导弹、推广使用导弹垂直发射技术、装备多管小口径舰炮近程反导系统，以进一步增强反舰、防空、反导弹能力；装备新型多用途直升机，改进声呐装备，采用电力推进，减少噪音，提高水声对抗和反潜能力。

德国"勃兰登堡"级护卫舰

该舰是德国布洛姆与福斯造船公司建造的多用途型护卫舰，由"不莱

德国"勃兰登堡"级护卫舰

梅"级护卫舰发展而来。主要致力于反潜作战,同时可受命承担防空、舰船集团战术指挥和水面作战等多种任务。首制舰"勃兰登堡"号,于1994年3月建成服役。该舰至1996年共建成4艘。

该舰满载排水量4700吨。舰长138.9米,舰宽16.7米,吃水4.4米。最大航速29节。航速18节时,续航力4000海里。编制舰员199名,其中军官19名。采用柴-燃联合动力装置,装2台柴油机和2台燃气轮机,总功率46140千瓦,双轴、双可调距螺旋桨推进。

该舰设有直升机库,可携带"海山猫"反潜直升机2架。舰上装有八联装"北约海麻雀"舰空导弹垂直发射装置2座、近程低空点防御"拉姆"舰空导弹发射装置2座、双联装"飞鱼"舰舰导弹发射装置2座、双联装324毫米反潜鱼雷发射装置2座、76毫米舰炮1座、无源干扰装置2座等。

该舰主要电子设备有:对空警戒雷达1部、三坐标雷达1部、火控雷达2部、导航雷达2部、舰壳声呐1部、综合作战情报和武器控制系统1套等。综合作战情报和武器控制系统,能有效进行目标探测和识别,迅速而准确地进行威慑判断,控制舰上武器发射。

该级舰采用长艏楼船型,与"不莱梅"级相比吨位增大约25%;具有较强的防空能力;采用模块化设计,武器装备采用同型功能模块,具有灵活互换性,使用、维修简便易行,更适应现代化作战要求。

俄罗斯 20380 型护卫舰

该舰是俄罗斯"金刚石"中央海军设计局设计,目前正在位于圣彼得堡市的北方海军造船厂施工建造。据报道,该型舰的首舰"警戒"号于 2006 年建成服役。20380 型的第二艘"机敏"号于 2003 年 5 月 20 日下水,目前在建;第三艘于 2005 年 7 月 27 日开始动工建造。20380 型轻护舰的建造数量将会在 20 艘以上,

俄罗斯 20380 型轻型隐身护卫舰

俄罗斯海军四大舰队都将陆续装备这些新型战舰。首批 3 艘 20380 型轻型护卫舰将首先交付给波罗的海舰队。20380 型轻型隐身护卫舰是针对濒海环境而设计的,完全符合俄罗斯海军的现实任务需求和俄 2010 年前武器改革计划的要求,是俄海军最新式的近海作战舰艇,被称为"俄罗斯 21 世纪轻型护卫舰",在俄海军发展史上具有里程碑意义。

该舰 20380 型舰舰身全长 100 米,宽 13 米,排水量为 2000 吨,最大航速为 27 节,在航速为 14 节时的续航力达 4000 海里。该型舰简直就是"一个高技术系统",装备了强大的火力打击系统、防空和反潜系统、作战指挥系统、搜索和目标指示系统、通信和防护系统,如"宝石"反舰攻击系统、"蝾螈"反潜导弹系统、用于近程反导防御的两个"栗子树"M 弹炮台防空系统、100 毫米口径舰炮以及卡 – 27 型舰载直升机。在舰艇结构设计上采用了隐身技术,使舰体发生的热场和声场信号大大降低,具有非常出色的隐身能力。

据俄罗斯"舰艇百科全书网"介绍,20380 型轻型护卫舰是为俄海军研制

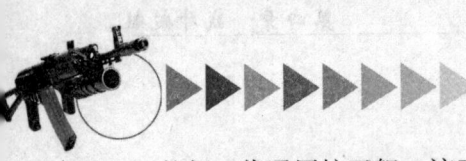

的新一代通用护卫舰。该型军舰装备的作战系统中不但集成了反舰、防空和反潜等多种型号的武器，还具有完善的指挥、探测、瞄准、通讯和防御能力。此外，20380型舰上还运用了俄技术人员开发的"隐身"技术。据称，与西方同类产品相比，20380型轻型护卫舰具有三大优点：价格低廉，舰载系统自动化程度高，采用了隐身技术、生存能力强。

荷兰"卡雷尔·多尔曼"级护卫舰

该舰是荷兰斯凯尔德公司建造的多用途型护卫舰。首制舰"卡雷尔·多尔曼"号1991年6月建成服役，至1995年9月共建成8艘。其机动性、适航性和作战指挥自动化能力，都高于同类型、同吨位舰艇，并实现了无人机舱。

该舰满载排水量3320吨。舰长122.3米，舰宽14.4米，吃水4.3米。最大航速30节。航速18节，续航力5000海里。编制舰员156名，其中军官16名。采用柴-燃联合动力装置，装2台柴油机和2台燃气轮机，总功率32200千瓦，双轴推进。

荷兰"卡雷尔·多尔曼"级护卫舰

该舰设有舰载直升机库，可携载"山猫"反潜直升机1架。舰上装有四联装"捕鲸叉"舰舰导弹发射装置2座、16单元"海麻雀"舰空导弹垂直发射装置1座、76毫米舰炮1座、7管30毫米"守门员"近程舰炮武器系统1座、双联装324毫米反潜鱼雷发射装置2座，以及6管干扰火箭发射装置2座等。

该舰主要电子设备有：对空警戒雷达、火控雷达、三坐标雷达、导航雷达、舰壳声呐、拖曳线阵声纳各1部，以及电子对抗系统、作战指挥控制系统、

10号数据链、11号数据链、16号数据链和卫星通信系统等。

日本"阿武隈"级护卫舰

该舰是日本三井公司建造的多用途型护卫舰。首制舰"阿武隈"号1989年12月建成服役，至1993年2月共建成6艘，分别编入5个地方队。单艘造价250亿日元。

该舰标准排水量2050吨，满载排水量2550吨。舰长109米，舰宽13.4米，吃水3.8米。最大航速27节。编制舰员115名。采用柴－燃联合动力装置，装2台柴油机和2台燃气轮机，双轴推进，总功率24630千瓦。装有四联装"捕鲸叉"舰舰导弹发射装置2座、八联装"阿斯洛克"反潜导弹发射装置1座、"奥托"76毫米舰炮1座、6管20毫米"密集阵"近程舰炮武器系统1座、三联装324毫米反潜鱼雷发射装置2座，以及6管干扰火箭发射装置2座等。

日本"阿武隈"级护卫舰

该舰主要电子设备有：OPS－14C对空警戒雷达、OPS－28对海警戒雷达、Mk2－21火控雷达、DE－1167舰壳主动声呐、SQK19A拖曳线列阵声呐等各1部，以及电子对抗系统、作战指挥系统、火控系统等。该舰针对隐身效果进行了设计：采用了减少雷达波反射的隐形船体，两舷舰体向外倾斜，上层建筑向内倾斜7度，使雷达反射波向海面扩散，不易被雷达捕捉，具有一定的隐身性能。

英国"公爵"级护卫舰

该舰是英国亚罗造船公司研制建造的反潜型护卫舰,是世界上静音效果最好的护卫舰,也是20世纪建造的最具世界先进水平的护卫舰之一。首制舰"诺福克"号于1990年6月建成服役。主要用于搜潜和攻击潜艇作战,同时具有较强的防空能力,可在没有空中掩护的条件下实施独立作战。该舰采用了使声、磁、雷达和红外特征最小的隐身技术,设计上包括所有结构上的垂直表面均向内倾斜7°角,水线以上的各种外板连接处均采用圆角过渡,降低红外辐射和降低辐射噪音的舰体"气幕"系统。

印度"库克里"级护卫舰

该舰标准排水量3500吨,满载排水量4200吨。舰长133米,舰宽16.1米,吃水5.5米。最大航速28节。巡航航速15节时,续航力7800海里。编制舰员174名,其中军官12名。首次在水面舰艇上采用柴油机电力推进和燃气轮机联合动力装置,装燃气轮机2台、柴油发电机4台、直流电动机2台,总功率29200千瓦,双轴推进。

该舰设有直升机库,可携载"山猫"反潜直升机2架或EH-101多用途直升机1架。舰上装有四联装"捕鲸叉"舰舰导弹发射装置2座、32单元"海狼"导弹垂直发射装置1座、114毫米舰炮1座、30毫米舰炮2座、双联装324毫米反潜鱼雷发射装置2座(发射"鳐鱼"反潜鱼雷),以及六联装无源干扰发射装置4座等。

该舰主要电子设备有：三坐标雷达1部、电子侦察机1部，以及作战指挥系统、11号数据链、14号数据链、16号数据链、火控系统等。

近年来，"公爵"级护卫舰频繁出现在波斯湾和亚得里亚海等热点海域，连续参与美国海军对伊拉克的海上禁运，长时间参与北约军队对南斯拉夫和波黑塞族的海上封锁。2001年，有2艘"公爵"级护卫舰分别编入法国"戴高乐"号航母编队和美国"企业"号航母编队在海湾地区执勤。"9.11"事件以后，英国派出了"公爵"级护卫舰轮流参加美国对阿富汗的军事行动，主要在阿曼湾和北阿拉伯海拦截检查可能有的恐怖分子的船只。

以色列"埃拉特"级护卫舰

该舰是以色列海军与美国海军联合设计的，由美国英戈尔斯造船公司建造的多用途轻型护卫舰。首制舰"埃拉特"号1994年5月建成服役。主要用于舰艇编队护航，进行反舰、反潜、防空作战；亦可单独执行作战任务，或作为编队指挥舰。"埃拉特"级导弹护卫舰具有区别于普通轻型护卫舰的最大特点是它的隐身设计，采取了较有为有效的隐形措施，其上层建筑为鉴于隐形考虑的多面体单纯化设计，船体设计为能够歪曲雷达反射电波的倾斜船体，并漆有能吸收雷达电波的特殊材料，这样就大大减小了舰艇的雷达反射面积。

该舰标准排水量1075吨，满载排水量1227吨。舰长86.4米，舰宽11.9米，吃水3.2米。最大航速32节，航速17节时续航力3500海里。编制舰员74名，飞行员10名。采用柴-燃联合动力装置，装2台柴油机和1台燃气轮机，总功率27160千瓦，双轴推进。

该舰设有直升机库，可携带SA-366G"海豚"反潜直升机1架。借助机载的吊放声呐和反潜鱼雷进行反潜作战和对空预警。舰上装有四联装"捕鲸叉"舰舰导弹发射装置2座、四联装"加布里埃尔"舰舰导弹发射装置2座、32管"巴拉克"舰空导弹垂直发射装置2座、76毫米舰炮2座、25毫米舰炮2座、三联装324毫米反潜鱼雷发射装置2座，以及72管箔条和红外干扰弹发射器4座等。

该舰主要电子设备有：对空警戒雷达、对空/对海警戒雷达、火控雷达、导航雷达，以及舰壳式声呐、拖曳式声呐、电子对抗系统、综合指挥控制系统等。

以色列"埃拉特"级护卫舰

瑞典"维斯比"级护卫舰

该舰是瑞典21世纪初研制的护卫舰，是目前世界上第一种全隐形护卫舰。适于近海作战，主要用于反水雷战、反潜战、巡逻和攻击反水面舰艇战斗等任务。

该舰吃水深度2.4米，排水量600吨，最高航速38节，最大持续航速35节，装备8枚萨伯.博福斯动力公司的RBS15反舰导弹。装备127毫米火箭推进榴弹发射器、深水炸弹和鱼雷，装有三具400毫米鱼雷管用于反潜自导引鱼雷发射，57毫米多

瑞典"维斯比"级护卫舰

用途舰炮。

"维斯比"级护卫舰经过精心设计具有非常好的隐身能力,能应付最新、最尖端的雷达和红外监视探测装备。它的性能也得到了美国的肯定,诺斯罗普·格鲁门公司曾使用"维斯比"级护卫舰当作设计基础用于"濒海战斗舰"投标。

中国054级护卫舰

该舰是我国研发和制造的第一代隐身导弹护卫舰,被国外称为"江凯"级。2005年2月和9月,两首054级护卫舰正式加入了中国海军。

054级马鞍山号护卫舰

054级发展型054A型护卫舰满载排水量有3900吨,继续保持了中国舰艇导弹攻击力强的传统优长,装配了新型的"鹰击－83"反舰导弹,射程远达150公里。该型舰同过去的护卫舰相比,最突出的亮点又是拥有了前所未有的防空、反潜和隐身能力。

第六节 导弹艇

导弹艇(missile boat)是以舰舰导弹为主要武器的小型高速水面战斗舰艇。主要用于在近岸海区协同其他舰艇对敌大、中型水面舰船实施导弹攻击,还可担负巡逻、警戒、护航、缉私,以及反潜、布雷等任务。

分类

按艇型,分为圆舭型导弹艇、滑行型导弹艇、半滑行型导弹艇、水翼型导弹艇和气垫型导弹艇;按排水量大小,分为大型导弹艇、中型导弹艇和小型导弹艇等。满载排水量,大型导弹艇300~500吨;中型导弹艇100~300吨;小型导弹艇100吨以下。航速30~40节,水翼、气垫导弹艇速度达50节以上。续航力500~3000海里。大多在3~5级海况下能有效地使用武器,5~7级海况下能安全航行。

组成

武器装备,主要有巡航式舰舰导弹2~8枚(少数配有舰空导弹)、20~76毫米舰炮1~2座,有的还装有鱼雷发射管2~4具和深水炸弹发射炮、水雷布设导轨等。电子设备,主要有通信、导航、探测、指挥控制和电子对抗等设备。多数采用高速柴油机动力装置,少数为燃气轮机或柴油机-燃气轮机联合动力装置。通常能集中控制,驾驶室可遥控操纵。船体材料多为合金钢或铝合金。导弹艇的特点是,艇体小巧、机动灵活、航行速度较高、攻击威力较大,技术难度较小,建造周期短,设备更新快,造价相对较低;但耐波性差，作战半径小，特别是自卫和生存能力较弱。

简史

20世纪50年代末，苏联率先将P6级鱼雷艇改装成"蚊子"级导弹艇，满载排水量70吨，航速40节，装备"冥河"舰舰导弹2枚，是世界上最早出现的导弹艇；60年代初，又建成了"黄蜂"级导弹艇，满载排水量210吨，航速38节，装备"冥河"舰舰导弹4枚，并批量建造，大量出口许多国家。

在第三次中东战争中，1967年10月21日，埃及用"蚊子"级导弹艇击沉以色列"埃拉特"号驱逐舰，在海战史上首创小型导弹艇击沉大型军舰的战例。在第三次印巴战争中，1971年12月5日夜，印度使用"黄蜂"级导弹艇3艘，奔袭在卡拉奇附近锚泊的巴基斯坦海军舰艇和陆上油库。印度导弹艇发射13枚"冥河"舰舰导弹，有12枚命中目标，击沉巴驱逐舰1艘、扫雷艇1艘、巡逻艇3艘，击伤驱逐舰1艘，击毁油罐3座，而印度导弹艇无一损伤。第四次中东战争中，1973年10月，以色列的"萨尔"级导弹艇使用电子干扰手段，使埃及和叙利亚导弹艇发射的50余枚"冥河"舰舰导弹无一命中；同时，以色列海军使用"加布里埃尔"舰舰导弹和舰炮，击沉击伤对方导弹艇12艘。这是用导弹艇击沉导弹艇的首次战例，显示了电子对抗系统在海战中的重要作用。这些海战经验引起各国海军，特别是发展中国家对导弹艇的重视，竞相发展导弹艇。至20世纪90年代初，世界上59个国家和地区拥有不同类型的导弹艇1000余艘。

发展趋势

利用新技术、新材料，开发高性能新船型；增大排水量，提高适航性，改善居住性；采用隐身技术，增强防空自卫能力；搭载直升机以先期发现目标并对导弹进行中继制导，实施超视距攻击；不断改善提高导弹艇的作战与生

存能力。

芬兰"哈米纳"级隐身导弹艇

该艇是挪威造船商船厂建造的隐身导弹艇。共建4艘,分别被命名为"波里"号、"哈米纳"号、"汉科"号以及"托尼尔"号。该导弹艇长51米,采用铝和轻质复合材料建造而成。由于双喷水式推进器的使用,该导弹艇航行速度超过了30节。

该艇是芬兰海军现役最先进的导弹快艇。从外观上看,它在设计上具有较多的优点,全舰从船体到上层结构都高度整合,力避侧面锐角,而且十分注意抑制红外信号,显示出很好的隐身效果。尤其是它采用新型涂料涂饰与北欧海陆复杂地形相谐的峡湾迷彩,具备了极佳的隐形特性。

芬兰"哈米纳"级隐身导弹艇

瑞典"哥德堡"级导弹艇

该艇是瑞典卡尔斯克鲁纳造船厂建造的大型导弹艇。首制艇"哥德堡"号1990年建成服役,至1993年共建成4艘。主要用于沿海巡逻、警戒、保护海上交通线和反潜作战。亦可执行布雷任务。与"诺尔彻平"级、"休金"级和"斯德哥尔摩"级导弹艇相比,尺度较大、装备更新,具有较强的对海、反潜作战能力和较强的对空自卫能力。

该艇标准排水量300吨,满载排水量399吨。艇长57米,艇宽8米,吃水2米。最大航速32节。编制艇员36名,其中军官7名。动力装置为柴油机3台,总功率6400千瓦,采用喷水推进。

该艇装有双联装RBS-15舰舰导弹发射装置4座、"博福斯"57毫米舰炮1座、"博福斯"40毫米舰炮1座、400毫米鱼雷发射管4具(发射FFV-431鱼雷)、9管反潜深水炸弹发射炮4座、布设水雷或大型深水炸弹的导轨1条(视执行不同的作战任务可携带水雷或深水炸弹),以及红外曳光弹和箔条弹固定发射装置4座等。

瑞典"哥德堡"级导弹艇

该艇主要电子设备有:光电指挥仪2部、火炮控制系统、导弹发射控制系统、反潜鱼雷控制系统、作战数据自动化处理系统、雷达威胁报警设备、对空/对海搜索雷达、导航雷达、炮瞄雷达。

中国022型隐身导弹艇

该导弹艇是中国于2004年研制的隐身导弹艇。022型隐身导弹艇的隐形设计比较成熟,并能同时对4个目标发起两枚导弹的攻击,双发的命中率达98%。采用了穿浪双体船艇体,减少了在高速航行的情况下穿浪双体船的飞溅阻力。

动力系统为两台3500马力柴油机,

中国022隐身导弹艇

驱动两部泵喷式推进系统,最大航速38节,续航力2000公里/25节,由于022航行时吃水不深,而且体积小,反舰鱼雷也很难跟踪。022是一种有很好隐蔽能力的袭击型攻击武器。

第七节 水雷战舰艇

水雷战舰艇(mine warfare ship)是专门用于布雷和反水雷的水面战斗舰艇。

分类

包括布雷舰艇和反水雷舰艇。布雷舰艇,主要用于在基地、港湾、航道、近海海域和江河湖泊进行防御布雷或攻势布雷。包括远程布雷舰、沿岸布雷舰和布雷艇等。1892年俄国最早建成布雷舰。第一次世界大战中,欧洲一些海军国家相继建成布雷舰艇。参战各国共布设锚雷30余万枚,在海战中发挥了重要作用。第二次世界大战中,因触雷而损失的舰船有3000多艘,其中不乏是被布雷舰艇布设的水雷所毁伤。第二次世界大战中,布雷舰艇得到进一步发展。战后,为提高布雷的快速性和隐蔽性,使用飞机和潜艇进行攻势布雷越来越受到重视。专门设计建造布雷舰的国家已经不多。瑞典1982年建成"卡尔斯克鲁纳"号远程布雷舰,满载排水量3550吨,最大航速20节时,续航力3600海里。平时用作训练舰,兼作指挥舰。中国1987年建成2000吨级的布雷艇。艇上设有计算机控制的运雷、布雷操纵系统和导航定位设备,布雷精度较高。

反水雷舰艇,主要用于在航道、港湾、江河水域清除水雷障碍和为舰船编队开辟航道。包括扫雷舰艇、猎雷舰艇和破雷舰等。1972年，法国海军建成世界上第一艘猎雷舰"女妖"号，舰上装猎雷声呐、猎雷控制系统和自航式灭雷具等。这是反水雷技术由扫雷发展为猎雷的转折点。20世纪80年代，法国、荷兰、比利时三国联合建成"三伙伴"级猎雷舰，此舰装有声呐、精密导航设备、作战情报中心和遥控灭雷具等，可发现、识别和灭掉布设在80米水深的水雷。1987年美国建成兼有猎雷舰和扫雷两种功能的"复仇者"级猎雷/扫雷舰。1991年海湾战争中，多国部队派出多种型号的猎雷、扫雷舰艇数十艘，共扫除消灭各种水雷1200多枚。破雷舰，是利用舰体碰撞或舰体本身的水压场、声场、磁场引爆水雷的反水雷舰艇。多用旧舰船改装而成，其使用效果不佳，至20世纪70年代各国已不再有该类舰。

发展趋势

采用气垫船、双体船等新船型；猎雷装备和扫雷装备集装箱化；根据扫雷任务的不同换装不同的猎雷和扫雷设备，以提高反水雷效率；广泛采用扫雷新技术，发展更有效的扫雷具、猎雷系统与炸雷武器，以提高反水雷舰艇在深水及浅水水域的反水雷能力。

日本"浦贺"级扫雷支援舰

该舰是日本日立造船公司舞鹤造船厂建造的扫雷支援舰，主要用于担任扫雷舰队的旗舰，是20世纪末世界各国海军中较为先进的扫雷支援舰之一。首制舰"浦贺"号，于1997年建成服役，担任日本海军第二扫雷舰队旗舰。第2艘"丰后"号由三井造船厂公司建造，1998年建成服役，担任日本海军第一扫雷舰队旗舰。

该舰标准排水量5650吨。舰长141米，舰宽22米。吃水5.4米。航速22节。编制舰员170名。动力装置为柴油机2台，总功率14600千瓦，采用可调距螺旋桨，双轴推进。

该舰装有76毫米舰炮1座、6管20毫米"密集阵"近程舰炮武器系统2座。设有声扫雷具1套、直升机用电磁扫雷具3套。可携载MH-53E扫雷直升机1架，水雷226枚。

日本"浦贺"级扫雷支援舰

该舰主要电子设备有：对空/对海搜索雷达1部、导航雷达1部等。该级舰采用了独特的舰艇结构，尾门中央的舱口供电磁扫雷具出舱用；左右两侧上下各有两个舱口为水雷布放专用；舰体内左右各有2层水雷库，每个雷库有3条雷轨，共12条雷轨；布雷系统由布放装置、装卸传输装置、控制设备组成，实现了水雷布放自动化和水雷装卸高速化；可载一个扫雷舰队（约15艘扫雷艇）所需的弹药、食品及油料、淡水等；舰桥、桅杆等上层建筑都注重隐身设计，设有救生减压舱；后甲板有扫雷直升机起降平台。该舰不仅具有先进的扫雷、布雷能力，而且具有较强的后勤支援能力。

第八节 登陆作战舰艇

登陆作战舰艇（amphibious warfare ship）是专门用于登陆作战的舰艇的

统称,亦称两栖作战舰艇,主要用于输送登陆兵、登陆工具、战斗车辆及其他武器装备和物资等进行登陆作战。

分类

包括登陆舰、登陆艇、武装运输舰、船坞登陆舰、两栖船坞运输舰、两栖攻击舰、通用两栖攻击舰、两栖指挥舰、两栖火力支援舰和两栖运输舰等。除两栖指挥舰和两栖火力支援舰外,其余登陆作战舰艇都是以运输、装载和两栖能力作为主要设计要素。与一般战斗舰艇相比,登陆作战舰艇的武器配备火力较弱。从船型上看,其船底较平、吃水较浅、船艏肥钝、船宽较大,利于人员和装备的快速进出和抢滩登陆。

在第二次世界大战中期以前,登陆作战舰艇主要用来输送登陆兵到敌方港口登陆,数量不多、种类也少。战后,陆续出现了武装运输舰、船坞登陆舰、两栖运输舰、两栖火力支援舰等。20世纪50年代,在"垂直登陆理论"指导下发展了两栖攻击舰;60~70年代在"均衡装载"理论指导下,又研制出通用两栖攻击舰、两栖船坞运输舰和气垫登陆艇等新舰种。

发展趋势

提高装载和卸载能力和速度;改善航海性能和对空对海防御能力;进一步实现改单一装载为均衡装载,加强综合登陆作战能力;发展新型气垫登陆艇、地效翼登陆艇等新船型;利用舰载飞机、舰载直升机作为快速登陆换乘工具,是未来的主要发展方向。

法国"闪电"级船坞登陆舰

该舰是雷斯特海军造船厂建造的船坞登陆舰。首制舰"闪电"号1992

年建成。共造2艘,后续舰"非洲热风"号1998年服役。主要用于运送机械化快速部队实施登陆作战,也可担负反潜、防空以及后勤支援任务。

标准排水量8190吨,满载排水量11900吨。舰长168米,舰宽23.5米,吃水5.2米(船坞注水时吃水9.2米)。船坞舱长122米,舱宽14.2米,舱高7.7米。飞行甲板1450平方米,有2个直升机着舰区。最大航速(载重1880吨)21节。巡航速度15节时,续航力11000海里。编制舰员211名,其中军官13名。动力装置为柴油机2台,总功率15517千瓦,采用可调距螺旋桨,双轴推进。柴油发电机4台,总功率3400千瓦。

法国"闪电"级船坞登陆舰

该舰装双联装"西北风"舰空导弹发射装置2座、40毫米"博福斯"舰炮1座、20毫米舰炮2座。主要电子设备有:对空/对海搜索雷达、对海搜索雷达、导航雷达、卫星通信系统、作战数据库系统,指挥支援系统和光电火控系统等。

该舰可装载登陆兵467名、"超美洲豹"直升机4架或1880吨作战物资、CDIC型坦克登陆艇2艘或机械化部队运输登陆艇10艘。紧急情况下可载士兵1600名,平台能停放7架直升机。作为快速反应部队的后勤支援舰,"闪电"级船坞登陆舰还设置有较多的指挥、参谋人员工作室,2个医疗手术室和47张病床。

法国"西北风"级两栖攻击舰

该舰是法国二战后开发的第四代两栖舰,用于满足法国海军对于兵力投送和指挥的需求。首舰"西北风"号于2005年年底服役。

该舰的满载排水量21500吨,总长199米、宽32米、吃水6.2米。动力装置采用电力推进形式。应用4台柴油发电机,总功率20.8兆瓦。可运载450名士兵,60辆装甲车和8架直升机,或16架直升机又或230辆车;4艘通用登陆艇或2艘气垫登陆艇。

法国"西北风"级两栖攻击舰

该舰具有较强的指挥能力。舰上联合作战区域面积约为850平方米,该区域采用开放式结构,可自由安放移动式指挥设备以及相关终端和显示器,一共可配置150个操作员工作站。而且,该舰还设有专用的通信、航空控制和作战管理的作战区域。舰上安装的SENIT9作战管理系统可以提供实时的指挥和控制。该舰的飞行甲板面积为5200平方米,设有6个直升机停机点。其中5个可停放16吨的直升机,最前端停机点可承受CH-53"超级种马"直升机33吨的重量。坞舱尺度为57×5.4米,能够容纳4艘通用登陆艇或2艘LCAC气垫登陆艇。

韩国"鳄鱼"级登陆舰

该舰是韩国塔科马造船厂建造的坦克登陆舰。首制舰"高虹凤"号1993年建成服役。战时用于运送人员装备实施登陆作战,平时担负运输任务。曾出口委内瑞拉等国。

该舰满载排水量4278吨。舰长112.5米,舰宽15.3米,吃水3米。最大航速16节。巡航速度12节时,续航力4500海里。编制舰员169人,其中军官14名。动力装置为柴油机2台,功率9410千瓦,采用调距螺旋桨,双轴推进。

韩国"鳄鱼"级登陆舰

甲板上设有直升机平台,可供1架中型直升机起降。舰上装有双管"布雷达"40毫米舰炮2座、"厄利空"20毫米舰炮2座。

该舰主要电子设备有:光电指挥仪火控系统、导航雷达等。可载坦克20辆、车辆/人员登陆艇2艘或1700吨作战物资。

日本"大隅"级船坞登陆舰

该舰是日本三井造船公司玉野造船厂建造的新型船坞登陆舰,是第二次世界大战后日本建造的最大吨位的战舰。首制舰"大隅"号1998年建成服役。战时用于运送人员装备实施登陆作战,平时用于运输、救灾等。

该舰标准排水量8900吨,满载排水量13000吨。舰长178米,舰宽25.8

米,吃水6米。最大航速22节。编制舰员135名。动力装置为柴油机2台,总功率19120千瓦,采用可调距螺旋桨,双轴推进。船艏有侧向助推装置。

该舰装有6管20毫米"密集阵"近程舰炮武器武器2座、六联装箔条诱饵发射器4座等。该舰主要电子设备有:导航雷达、对海警戒雷达、对空警戒雷达各1部。

日本"大隅"级船坞登陆舰

该舰可载陆战队员330名,主战坦克10辆,74式大型载重车40辆,美国LCAC级气垫登陆艇2艘。还可搭载大型直升机2架。其外形酷似轻型航空母舰或两栖攻击舰。岛桥位于上甲板右舷靠前,左舷直通甲板前部为坦克、车辆区,后部有2个长80米的直升机起降停放区。坦克大舱长约100米,前端有直升机等大型装备的升降机,两舷设有对开带跳板的舷门,放下与码头接连后,岸上坦克、车辆可自行驶入舱内。

英国"海洋"号两栖攻击舰

该舰是英国维克斯造船厂与工程公司和巴曼船厂建造的两栖攻击舰。1998年3月建成服役。该级舰以"无敌"级轻型航空母舰为蓝本改进研制而成,两者的船型、结构、设施十分相似。它与两栖船坞运输舰(LPD－R)一起构成21世纪初英国两栖舰艇剖队的核心力量。

该舰标准排水量17000吨,满载排水量20500吨。舰长203米,舰宽36.

英国"海洋"号两栖攻击舰

1米,最大吃水6.6米。最大航速18节。航速15节时,续航力8000海里。编制舰员255名,另有空勤人员206名。动力装置为柴油机2台,总功率为11570千瓦,舣轴推进。首部设有助推器。

该舰装有双管"厄利空"30毫米舰炮4座、6管20毫米"密集阵"近程舰炮武器系统3座和诱饵发射装置8座。主要电子设备有:数据自动化处理系统、11号数据链、16号数据链、卫星通信系统、电子侦察设备、干扰机、对海/对空搜索雷达、导航雷达等。

舰桥设在舰中部右舷。飞行甲板为直通平甲板,长170米,宽32.6米,可携载"海王"直升机12架。飞行甲板下面设有机库,也可搭载"海王"直升机12架;或EH-101"直升机和"山猫"直升机各6架。该舰在执行对地或对海攻击时,可搭载"海鹞"垂直/短距起落攻击机6架。可装载1个海军陆战营的陆战队员480名及其全部武器装备和补给品,以及挂载Mk5型车辆/人员登陆艇4艘。

美国LHA-6两栖攻击舰

据俄罗斯《观点报》2006年6月6日报道,美国计划更新两栖舰队。美国海军与诺思罗普-格鲁曼公司签订了总额为9380万美元的设计合同,将建造世界上最大的两栖攻击舰。该舰代号为LHA-6,预计于2012-2013年建造完成,总耗资将达24亿美元。LHA是Landing Helicopter Assault的缩写,意为直升机登陆攻击舰。

LHA-6可搭载登陆艇、F-35B短距起飞/垂直降落战斗机、V-22"鱼鹰"偏转旋翼机,以及各种型号的直升机。该舰配备的武器系统主要有著名的"密集阵"近防系统和"海麻雀"防空导弹系统。LHA-6级两栖攻击舰将与LPD系列两栖船坞登陆舰(如LPD-17"圣安东尼奥"号)一起,共同构成21世纪美国两栖舰队的核心力量。

美国LHA-6两栖攻击舰模型

第九节 潜艇

潜艇(submarine)是一种能潜入水下活动和作战的战斗舰艇,亦称潜水艇,是海军的主要作战舰种之一。用于对敌陆上重要战略目标实施核突击,摧毁其军事、政治、经济中心;破坏敌方海上交通线,攻击敌人、中型水面舰船;进行反潜作战,以及布雷、侦察、运送、救援和运送特种人员登陆等。

分类

按作战任务,分为攻击潜艇和战略导弹潜艇;按动力装置,分为常规动力潜艇和核动力潜艇;按排水量大小,分为大型潜艇(2000吨以上)、中型潜艇(600~2000吨)、小型潜艇(100~600吨)和袖珍潜艇(100吨以下);按艇体结构,分为单壳体潜艇、个半壳体潜艇、双壳体潜艇和单、双混合壳体潜艇;按线型,分为水滴形潜艇和"雪茄"形潜艇。攻击潜艇,有常规动力和核动力两种,以鱼雷、巡航导弹和反潜导弹为主要武器,用于攻击敌水面舰船

和潜艇,装备对陆攻击导弹的潜艇,还可对陆上目标实施攻击。战略导弹潜艇,多为核动力。以战略弹道导弹为主要武器,用以对敌陆上战略目标实施核突击。潜艇的特点是:隐蔽性好、生存力强、突击威力大、可远离基地深入大洋和敌方海区进行独立作战,但水下双向通信难度大,探测设备作用距离近,掌握敌情较困难。

组成

潜艇主要由艇体、操纵系统、动力装置、武器系统、导航系统、探测系统、通信设备、水声对抗设备、救生设备和居住生活设施等构成。

简史

潜艇的发展经历了漫长的历史过程。1620年荷兰物理学家C.德雷布尔用木材和牛皮制成一种可潜入水下3~5米的船。这种潜水船被认为是潜艇的雏形。

18世纪70年代,美国人D.布什内尔建成1艘单人操纵的木壳艇"海龟"号,可潜入水下6米,逗留30分钟,艇外携带1个炸药包。1776年9月,"海龟"号曾偷袭停泊在纽约港的英国军舰;虽未成功,但开创了潜艇袭击军舰的尝试。19世纪60年代美国南北战争中,南军"亨利"号潜艇使用水雷炸沉北军"豪萨托尼克"号军舰,首创潜艇击沉军舰的战例。1801年,美国人R.富尔顿建成"鹦鹉螺"号铁架铜壳的潜艇,水上靠风帆、水下用手摇螺旋桨推进。1863年,法国建成以压缩空气为动力的"潜水员"号潜艇,水下航速2.4节,可下潜12米。1881年,T.诺德费尔特和G.加里特建造的"诺德费尔特"号潜艇,首次装备鱼雷发射管。1886年,英国建成使用蓄电池为动力的潜艇。1897年,美国建成水面使用汽油机、水下使用电动机为动力的"霍兰"Ⅵ号双推进系统的潜艇。

20世纪初,出现了具有一定作战能力的潜艇。这类潜艇采用双层壳体,装柴油机－电动机双推进系统,配备火炮、鱼雷和水雷,具有良好的适航性和机动性。在第一次世界大战中,各国潜艇共击沉战斗舰艇192艘,击沉商船5000余艘(达1400万吨)。潜艇的明显作用使各国更加重视潜艇的发展,到第二次世界大战前夕,世界各国共有潜艇600余艘。在战争的催化作用下,战争期间潜艇的战术技术性能有较大提高。大战后期,艇上出现雷达和自导鱼雷,战斗活动已遍及各大洋。

在第二次世界大战中,潜艇共击沉运输船只5000余艘约2000多万吨,大、中型水面战斗舰艇300余艘。第二次世界大战后,潜艇的发展又进入新阶段。1955年美国建成世界上第一艘核动力潜艇"鹦鹉螺"号。1959年苏联率先建成"H"级第一代核动力战略导弹潜艇。至20世纪80年代末,美国建成三代四级核动力战略导弹潜艇共48艘;苏联建成三代四级核动力战略导弹潜艇共92艘。这期间,法国、英国和中国也相继建成核动力战略导弹潜艇。最新一代战略导弹潜艇,水下排水量7000～48000吨,最大航速20～30节,下潜深度300～400米,自给力60～120昼夜。一般可携带战略导弹12～24枚,最大射程达4000～12000千米。目标命中精度(圆概率偏差)小于1千米。代表性的有:俄罗斯的"台风"级核潜艇、美国的"俄亥俄"级核潜艇等。新一代攻击潜艇普遍采用核动力,水下排水量1000～14000吨、最大航速20～42节,下潜深度200～600米(有的可达900米),自给力60～920昼夜。装备反舰、反潜战术导弹或巡航导弹和自导鱼雷。如美国的"海狼"级、英国的"特拉法尔加"级、法国的"红宝石"级、俄罗斯的W级、瑞典的"哥特兰"号等。为提高常规动力攻击潜艇的水下续航力,有的装有水下不依赖空气的动力装置(AIP),不仅使水下的续航力大大提高,而且有利于作战机动和提高潜艇隐蔽性。

1982年英国和阿根廷在马尔维纳斯(福克兰)群岛海战中,英国海军的"征服者"号潜艇用鱼雷击沉阿根廷海军巡洋舰"贝尔格拉诺将军"号,是核动力潜艇击沉大型水面战斗舰艇的首次战例。

2003年伊拉克战争中,美英联军共出动17艘潜艇,其中美军为15艘"洛杉矶"级攻击型核潜艇,英国为2艘"敏捷"级攻击核潜艇。

发展趋势

发展隐身技术,提高隐蔽性;改善武器性能,增强进攻能力;采用新型船体材料和动力装置,增大下潜深度和水下续航力;采用更加先进的探测设备,改进指控系统,提高自动化能力等,是潜艇未来的发展趋势。

德国212型潜艇

该舰是德国研制建造的新一代以鱼雷为主要武器的中型常规动力攻击潜艇。是以209型1200型潜艇为母型,加装燃料电池系统改建研制而成。计划建造12艘。首艇U31(舷号S181),2003年9月建成服役。

该舰水面排水量1350吨,水下排水量1830吨。艇长53.2米,艇宽6.8米,吃水5.8米。水面最大航速12节,水下最大航速21节。水面航速8节时,续航力8000海里。水下航速8节时,续航力420海里。使用燃料电池动力系统,水下潜航最大速度6.5节。航速4.5节时,续航力1250海里。加上常规动力蓄电池组80%

德国212型潜艇

放电时,续航力为209级1200型潜艇的4.4倍。下潜深度200米。自给力49昼夜。编制艇员27名,其中军官5名。采用燃料电池和柴－电动力系统组成的混合动力装置。燃料电池可以不依赖外界空气推动潜艇长时间水下航行;柴－电动力系统包括柴油发电机3台、大功率主推电机1台(输出功率为2850千瓦)和高性能铅酸电池,主要用于获得战斗航速。两者既可单独使用,也可联合使用,具有较强的生命力和战斗力。

该舰艇上装有533毫米鱼雷发射管6具。可发射DM－2A4"海蛇"线导反潜/反舰鱼雷。主要电子设备有:侦察声呐、探雷声呐、拖曳线列阵声呐、搜索雷达,以及鱼雷火控系统等。

该级艇为水滴型,采用双壳体结构、高强度低磁不锈钢材料制造,具有较好的抗冲击能力。动力装置实行集中控制,尾部采用7叶大侧斜低噪声螺旋桨,主、辅机采用整体"浮筏"技术进行专门减振降噪,增大了艇体寂静性和隐蔽性。

法国"凯旋"级核潜艇

该舰是法国瑟堡海军造船厂、安德莱特船厂和核技术局共同设计建造的核动力战略导弹潜艇,是法国第三代战略导弹核潜艇。首制艇"凯旋"号1997年3月建成服役。计划建造5艘,后续4艘中的"勇猛"号和"警戒"号已于2003年12日建成服役。

该舰水面排水量12640吨,水下排水量14120吨。艇长138米,艇宽12.5米,吃水10.6米。水下最大航速25节。最大下潜深度300米。编制舰员111名,其中军官15名。装K－15PWR型一体化压水反应堆1座、蒸汽轮机2台、推进电机

1台,总功率30500千瓦,单轴推进。

该舰装有M-45或M-51潜地战略弹道导弹发射筒16具。携带M-4或M-5潜地战略弹道导弹16枚。首制艇和第2艘艇装备M-4潜地战略弹道导弹该导弹装有6个分导式核弹头,每个子弹头的爆炸威力为150千吨梯恩梯当量。第3艘艇将装备M-5新型战略弹道导弹。艇上还装有533毫米鱼雷发射管4具。携带15反潜/反舰两用鱼雷(或"海鳝"反潜鱼雷),SM39"飞鱼"潜舰导弹共18条(枚)。SM39"飞鱼"潜舰导弹,从533毫米鱼雷发射管发射。

该舰主要电子设备有:雷达、声响、惯性导航设备、电子对抗系统,武器控制系统等。

法国"凯旋"级核潜艇

荷兰"海狮"级潜艇

该舰是荷兰鹿特丹干船坞公司建造的以鱼雷、潜舰导弹为武器的大型常规动力攻击潜艇,是在"海象"级潜艇基础上的改进型。首制艇"海狮"号1990年4月建成服役,至1994年共建成4艘。

该舰水面排水量2450吨,水下排水量2800吨。艇长67.7米,艇宽8.4米,吃水7米。水面最大航速12节,水下最大航速21节。最大下潜深度300米。编制艇员52名,其中军官7名。采用柴-电联合动力装置,3台柴油机,功率4630千瓦,1台主推电机,功

荷兰"海狮"级潜艇

率5100千瓦，单轴推进。艇上装533毫米鱼雷发射管4具，采用压力发射方式可在任何深度发射鱼雷；携带NT-37C、NT-37D、Mk48反潜鱼雷和"捕鲸叉"潜舰导弹共20(条)枚。

该舰主要电子设备有：攻击声呐、2026拖曳线列阵声呐PARIS主被动测距和侦听声呐、惯性导航系统、卫星导航系统、作战情报中心和指挥控制系统等。

美国海狼级攻击核潜艇

该潜艇是美国在20世纪90年代初设计的一种潜艇，当时五角大楼的目的是让它在苏联战略核潜艇对美国发动核打击之前将其摧毁。因此"海狼"使用了最先进的技术，装备了最强大的武器，并创下水下航速最高、隐身性最好、机动能力最强等多项纪录。

在"海狼"级潜艇中，"卡特"号的技术含量最高，它历时10年建造，成本高达32亿美元。艇身全长135米，排水12151吨。它在水下的巡航速度可达25节，最大下潜深度为610米。艇上装备着50枚"战斧"巡航导弹、"捕鲸叉"反舰导弹和MK48-5重型鱼雷，另外还携带

美国海狼级"卡特"号攻击核潜艇

100枚水雷。它是美军最先进、火力最强大的潜艇。

"卡特"号核潜艇的静音性比前两艘"海狼"还要好。它采用了浮阀减震、艇体表面敷设消声瓦、泵喷射推进等降噪技术，使噪声降到了90分贝左

右,在高速行驶时比"洛杉矶"级核潜艇停靠码头时的动静还小。

中国094型核潜艇

该级艇目前正处于设计阶段。美国海军情报局认为:"094型将是中国有史以来建造的最大的潜艇,预计将比'夏'级潜艇有明显改进,安静性和传感器系统性能有所提高,推进系统也要可靠得多。更重要的是,094型将装载十六枚新型导弹,在数目和性能上大大超过'夏'级核潜艇上装载的十二导弹。预计将在本世纪初下水服役。"

中国094型核潜艇

第五章 作战飞机

第一节 概述

作战飞机(combat aircraft)是指直接参加战斗,打击敌对目标的飞机。

分类

作战飞机包括战斗机、轰炸机、攻击机、战斗轰炸机、电子战飞机、侦察机、预警机和武装直升机等。作战飞机与保障飞机的主要区别在于:前者直接参加作战行动,后者为顺利完成作战行动提供保障;但两者的界限有时是比较模糊的,经过加装或改装也是可以互相转换的。在现代战争中,信息的获取和指挥控制与作战行动的关系日趋密切,因而,侦察机和预警机也列入作战飞机的范畴。本书主要介绍战斗机、轰炸机、攻击机、战斗轰炸机、电子战飞机、侦察机、预警机和武装直升机。

组成

现代作战飞机主要由机体、动力装置、起落装置、飞行控制系统、通信导航设备、火控系统和电子对抗设备等组成。

机体，包括机翼、尾翼和机身，用于承受作用于飞机的全部载荷。

起落装置，是保障飞机起飞、着陆和在地面、水面运动和停放的装置。包括起落架、机翼增升装置和着陆减速装置等。起落架是起落装置的主体。陆上飞机通常采用轮式起落架，水上飞机采用浮筒式或船身式起落架。

动力装置，通常指发动机，早期作战飞机的发动机为活塞式，从20世纪40年代中期起逐渐发展为喷气式，现代作战飞机已普遍采用小涵道比的涡轮风扇发动机。

飞行控制系统，已从早期的人力直接操纵、液压助力操纵，发展到现代的电传操纵(有的开始试用光纤操纵)，并通过数据总线实现了与机上其他系统的交联。在计算机的管理下，机上各系统会按飞行员的要求快速作出反应，借助显示器还可进行人与计算机的对话。

通信设备，以超短波通话为主，有的加装调频短波电台或全球通信卫星系统。很多作战飞机在保留塔康、测距器、无线电信标等导航设备的同时，还配备完全自主式的惯性－GPS导航系统；有的还加装数据交联系统，确保飞机不依靠任何外界帮助，就能从远距离准确地飞抵目标区。

火控系统，由目标探测设备、参数测量设备、火控计算机、瞄准显示设备和瞄准控制设备等组成。主要用于控制机上武器的投射，最大限度地发挥武器作用。

电子对抗设备，已成为作战飞机众多电子设备中不可缺少的一部分，是作战飞机的重要自卫手段之一。如，机上的威胁告警装置，会在飞机受到敌方雷达跟踪，或当来袭导弹迫近时，发出告警信号，提醒飞行员规避或作出其他反应。有的告警装置还可显示跟踪雷达的方位及类型。

第二节 战斗机

战斗机(fighter)是指用于歼灭空中敌机和飞航式空袭兵器的作战飞机，又称歼击机，旧称驱逐机，是航空兵作战的主要机种之一。主要武器包括：航炮、空空导弹、空地(舰)导弹、炸弹、火箭弹等。特点是机动性好、速度快、火力强、适合空战，也可遂行对地攻击任务。

分类

按机翼的数目，战斗机分为单翼机、双翼机和多翼机；按机翼平面形状，分为平直翼、后掠翼、前掠翼、三角翼和飞翼式战斗机；按发动机类型，分为活塞式、喷气式、涡轮螺旋桨式战斗机；按起落装置的类型，分为陆基、水上和水陆两用战斗机；按飞行速度，分为亚音速、超音速和高超音速战斗机。此外，还可以按发动机的数量、推进装置的类型以及机翼相对于机身的位置等进行分类。

简史

第一次世界大战初期，法国率先把地面机枪装上飞机用于空战，开创了战斗机作战的先河，随之诞生了专门的战斗机。早期的战斗机多为双翼木质结构装活塞式发动机，最大飞行速度不超过 250 千米/小时。第二次世界大战前，战斗机的外形布局从双翼演进为单翼，机身结构从木质过渡到金属，起落架从固定式发展为收放式；机载武器的品种和数量都有增加，机上开始安装无线电通信设备。第二次世界大战中后期，战斗机的性能大大提高,有的飞行时速达到750千米,接近活塞式飞机的性能极限。代表性的飞机有:美国的P-51、英国的"喷火"、苏联的雅克-9、德国Bf.109及日本的"零"式等。在战争的催化作用下,战斗机的发展很快。第二次世界大战末期,德国研制的Me262喷气式战斗机投入使用并开始加装机载雷达,但未及发挥作用,二战即宣告结束。

20世纪40年代末,美国生产的F-84、F-86和苏联研制的米格-15、米格-17等一批高亚音速战斗机相继问世,标志着战斗机的发展开始进入一个新的阶段。50年代,喷气式战斗机已基本取代了活塞式战斗机。50末期,出现了具有高空、高速性能的超音速战斗机。其最大飞行速度已达Ma2.0,实用升限超过18000米,开始装备空空导弹,机载设备日臻完善。代表性的飞机有:美国的F-104、苏联的米格-21、法国的"幻影"Ⅲ等。70年代末至80年代初,一批机动性能好、格斗能力强的战斗机先后装备部队,如美国的F-16、法国的"幻影"2000和苏联的米格-29等。这些飞机的明显特点是水平加(减)速性、盘旋性能和爬升能力都较前有较大提高。80年代末至90年代初,随着科学技术的进步与发展,一些布局新颖、设计独特、具有一定的隐身能力的先进战斗机相继出现,如法国的"阵风"、瑞典的JAS.39、欧洲的EF-2000等。这些战斗机普遍装备中远距导弹和近距格斗导弹,大多具有"全天候、全方位、全高度"的三全攻击能力,突出强调先敌发现、先敌开火、首发命中。90年代末,美国研制的F-22空中优势战斗机和F-35联合打击战斗机,更是新一代战斗机中的杰出代表,具有高机动性、高敏捷性、隐身性,以及不开加力超音速巡航和短距起落等特点,既能与敌机进行"短兵相接的近距格斗",又能发射超视距导弹进行"超视距空战",总体作战效能大大提高。

发展趋势

①继续研发新材料,使新材料的应用在机体结构中所占的比例日益增加。②继续加强飞机隐身技术的研究,进一步提高战斗机的隐身能力。③加快机载设备一体化的研究步伐,改进信息显示方式,如综合火力与飞行控制一体化,通信、导航与识别一体化等。④开展话音操纵的实用性研究,减轻飞行员两手的操纵负担;试用光缆代替电缆,用光信息代替电信息,用光传操纵代替电传操纵,提高抗干扰能力。⑤改善飞机失速后的气动力性能,使飞机能作某些"过失速机动",提高敏捷性和近距格斗能力。⑥进一步提高电子对抗能力。⑦发展一机多能的高效战斗机。

EF2000"台风"战斗机

该机是英国、德国、意大利和西班牙四国联合研制的喷气式多用途战斗机。1994年3月27日原型机首飞。2002年10月第一架生产型飞机交付使用。有单、双座两种机型。英国计划购买232架,德国180架,意大利121架,西班牙87架。预计总费用523.6亿美元,平均每架8445万美元。

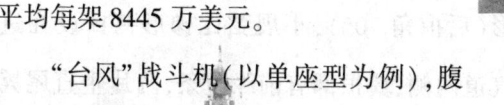

EF2000"台风"战斗机

"台风"战斗机(以单座型为例),腹部进气,鸭式三角翼布局,机体大量采用复合材料。动力装置为2台EJ200

型涡轮风扇发动机，推力 2×60 千牛，加力推力 2×90 千牛。机上装四国联合研制的 ECR90 多功能脉冲多普勒雷达（对空探测距离 130 千米）、前视红外跟踪装置（FILR）、电子告警防御系统（可遂行雷达告警、导弹逼近告警、前半球激光告警，以及主动电子干扰等任务）、拖靶式（装在右翼尖）有源雷达假目标欺骗装置、四余度数字式电传操纵系统等。

主要武器配备为：1 门 27 毫米口径"毛瑟"航炮；13 个外挂架，可挂 AIM-120 中距空空导弹、近距格斗空空导弹和精确制导空地导弹。最大外挂重 6500-8000 千克。该机翼展 10.95 米，机长 15.96 米，机高 5.28 米，机翼面积 50.00 平方米；空机重量 10995 千克，最大起飞重量 23000 千克，使用过载 9.0g；最大平飞速度 Ma2.0，上升到 10670 米高度需要 2 分 30 秒，作战半径 600 千米，转场航程（带三个副油箱）3700 千米，起飞距离 300 米。

俄罗斯"金雕"战斗机

该机是俄罗斯苏霍伊设计局正在研制的单座双发全天候战斗机。1987 年开始设计，1997 年 9 月 25 日原型机首飞，至 21 世纪初该机仍处于试飞阶段。它是一种新技术验证机，其试验结果会对俄罗斯新一代战斗机的研制起到推动作用。

"金雕"战斗机的最大特点是气动布局与众不同，飞机采用前掠式上单翼三翼面布局，机翼前掠角约 13°，水平尾翼为切尖三角形（后掠角 70°），小展弦比梯形鸭翼设在进气道两侧，翼根部有前缘边条，两片垂直尾翼略向外倾；设在机身两侧的进气口不可调。

俄罗斯"金雕"战斗机

机体大量采用新材料，复合材料占机翼的90%，机翼刚性很好，飞机具有"准"隐身能力，平均迎面雷达反射截面积约3平方米。动力装置为2台D-30F6涡轮风扇发动机，加力推力2×51.9千牛，喷口采用推力矢量技术。机上装多功能雷达、"法佐特朗"相控阵雷达和护尾雷达，以及"普里博尔"武器控制系统等先进电子设备。

机翼下有武器挂架，翼尖有导弹发射导轨。该机翼展16.70米，机长22.60米，机高6.40米，机翼面积56.00平方米；正常起飞重量25670千克，最大起飞重量34000千克；最大平飞速度（海平面/高空）1400/2200千米/小时，实用升限18000米，最大允许使用过载9.0g；航程3300千米。

俄罗斯苏-37战斗机

该机是俄罗斯苏霍伊设计局在苏-35的基础上发展起来的单座双发多用途全天候战斗机。1996年4月2日原型机首飞。主要用于国土防空，并具有一定的对地攻击能力。因其机动性能好，能完成一般战斗机无法完成的高难度动作，故被誉为超机动性战斗机。与苏-35相比，苏-37战斗机的主要改进在于：①换装2台AL-3FU推力更大的

俄罗斯苏-37战斗机

涡轮风扇发动机，推力达到2×142.2千牛，这种发动机不仅推重比高达8.7，而且具有推力矢量控制能力，能使飞机完成小半径筋斗等超常高难度机动飞行。②换装新的全天候数字式多功能相控阵雷达，该雷达探测距离140

-160千米,能有效对付巡航导弹和隐身飞机的威胁。③玻璃座舱,内装4个经过遮光保护处理的大屏幕彩色液晶显示器,它可以提高包括驾驶、导航、作战在内的各种信息。④采用短行程侧握驾驶杆和无位移应力测量拇指按钮控制油门杆,全新设计的电传操纵软件,使气动力操纵面和发动机推力矢量控制实现一体化。

苏-37的气动布局、外形尺寸与苏-35基本相同。在机载电子设备方面,除换装了上述提到的雷达、大屏幕显示器外,其他如电子对抗系统、头盔瞄准具等也有不同程度的改进。在武器配备方面,包括数量、品种与苏-35相比变化不大,但是总体作战效能,尤其是机动作战和格斗能力有明显加强。该机采用了集成式远程电子控制系统以及现代化的数字式武器控制系统,可以推带14枚空空导弹或8000千克的武器,多功能前视相控阵雷达可以风时跟踪15个目标,4个厂角液晶显示器用于显示器用于显示战术和飞行-导航数据。

日本F-2战斗机

该机是日本三菱重工业公司研制的喷气式战斗机。1995年10月7日原型机首飞,主要用于空中支援作战。日本航空自卫队计划购买130架。首批18架已于2001年3月交付使用。该机的研制以美国的F-16为原准机,外形尺寸增大,整个研制及生产过程得到美国的技术援助,部分零部件和一些机载电子设备由美国制造。有F-2A(单座对地支援型)和F-2B(双座战斗/教练型)两种机型。

F-2战斗机(以A型为例),单人座舱,悬臂式上单翼布局,全金属半硬壳机身。动力装置为 1 台美国通用电气公司制造的 F-110-GE-129 涡轮风扇发动机，推力 131.7 千牛。机上装日本自行研制的相控阵火控雷达，采用电传操纵，放宽静稳定度技术。

主要武器配备为：1 门"火神"20 毫米口径 6 管航炮；全机 11 个外挂点，可根据任务选挂本国生产的 AAM-3 空空导弹、ASM-1/2 空地导弹、炸弹等；最大载弹量 8000 千克。该机翼展 11.30 米，机长 15.52 米，机高 4.96 米，机翼面积 34.84 平方米，空机重量 9527 千克，最大起飞重量 22100 千克，最大着陆重量 18300 千克．最大机内载油量 3600 千克，最大平飞速度 Ma2.0，作战半径 835 千克。

日本 F-2 战斗机

美国 F-22 战斗机

该机是美国洛克希德公司研制的单座双发新一代隐身战斗机。1990 年 9 月 29 日原型机首飞，1991 年 8 月正式进入工程制造和发展阶段，1997 年 9 月 7 日第一架生产型样机（F-22A）首飞。1998 年国会批准生产 339 架，项目预算总费用 735 亿美元。单机平均采购费约 9870 万美元。

F-22 战斗机的气动布局和外形结构

美国 F-22 战斗机

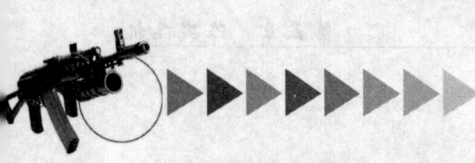

均按隐身要求设计,蝶形上单翼加全动式平尾,两片垂直尾翼外斜29°,菱形不可调进气口在机身两侧,二元推力矢量喷口设在机身尾部,机体结构大量采用钛合金。动力装置为2台F119-PW-100涡轮风扇发动机,推力2×105.5千牛,加力推力2×156千牛。机上装AN/APG-77低截获率有源电子扫描相控阵雷达、综合通信导航目标识别系统、大屏幕显示器等设备。

主要武器配备为:1门20毫米口径M-61六管航炮,备弹480发;机身内3个武器舱可携带3枚AIM9M"响尾蛇"空空导弹、6枚AIM-120C先进中距空空导弹和460千克GBU-32联合攻击弹药;遂行非隐身作战任务时,机翼下4个武器挂架,可挂BLU-109激光制导炸弹、AG3M-88"哈姆"高速反辐射导弹等空地武器。该机翼展13.56米,机长18.92米,机高5.02米,机翼面积78.00平方米;空机重量14365千克,最大起飞重量27216千克,最大机内载油量11495千克;最大平飞速度(高度9150米)1.7马赫,不开加力最大速度(超音速巡航)1.58马赫,实用升限15240米,最大使用过载9.0g;航程2800千米。

美国F-35战斗机

该机是美国洛克希德·马丁公司研制的单座单发新一代隐身战斗机,它具备F-16的空中格斗能力、F/A-18的对地攻击能力及F-117的高度隐身能力,有"世界战斗机"之称。2000年10月24日验证型样机(X-35)首飞。2001年在"联合打击战斗机"(JSF)的竞标中战胜波音公司的X-32,赢得190亿美元的发展合同。计划发展A型(空军常规起落型)、B型(海军陆战队短距起飞垂直着陆型)、C型(海军舰上弹射起飞拦阻降落型)等3种型别。3种机型中62%~81%的部件可通用。英国、丹麦、荷兰、挪威、意大利等国有意参与研制和购买F-35飞机。总产量预计超过3000架。

F-35战斗机的气动布局和外形结构基本按隐身要求设计，梯形上单翼加全动式平尾，两片垂直尾翼向外倾斜，方形不可调进气口在机身两侧，圆形推力矢量喷口设在机身尾部，全机迎面雷达反射面积与F-22相当。动力装置为1台F119-PW-611涡轮风扇发动机，加力推力173.7

美国F-35战斗机

千牛。机上装低截获率有源电子扫描相控阵雷达、综合通信导航目标识别系统、大屏幕显示器，以及电传/光传操纵系统等。

为满足隐身要求，机上所有武器内置于武器舱。标准武器配备为：2枚AIM-120先进中距空空导弹或4枚AIM-9X"响尾蛇"空空导弹和2颗"杰达姆"(JDAM)精确制导炸弹；机身上有4个加强点，遂行非隐身作战任务时可安装外挂架，增挂对地攻击武器。最大外挂重量6-7吨。该机翼展10.70米(C型13.10米，折起后9.13米)，机翼面积42.70平方米(C型57.60平方米)；空机重量12000千克(C型13550千克)，陆上最大起飞重量27200千克；最大平飞速度(高度9150米)1.7马赫，不开加力最大速度(超音速巡航)1.4马赫，实用升限15240米，最大使用过载9.0g；航程4000千米。

中国歼-10战斗机

该机是我国自主研制的全天候超音速多用途战斗机，主要担负夺取空

中优势、实施对地突击的任务,配有先进的航空电子系统,具有突出的中、低空机动作战性能。飞机维护性好、可靠性高,可配挂多种空空、空地导弹。歼－10飞机的研制成功,实现了我国战机从第二代向第三代的跨越。

中国歼－10战斗机

中国歼－11战斗机

该机是我国近年在俄罗斯Su－27基础上进行的升级和改进。歼11B战机被定位为"打赢未来高科技条件下局部战争的重点型号","是党中央、国务院和中央军委的重大决策",是党和国家赋予的"崇高历史使命"。随着一系列技术瓶颈的成功突破,歼11B的国产化水平不断提高,其性能已远远超过其原型机苏27SK,现已进入加速生产的"黄金时代"。

中国歼－11战斗机

中国台湾IDF战斗机

该机是中国台湾中山科学院航空发展中心研制的多用途战斗机。旨在替代老式的F－104和F－5E战斗机,取名"经国"号。1989年5月28日原型机首飞。主要用于防空、制空、反舰和对地攻击。生产130架,2000年1

月14日全部交付使用。

IDF战斗机单人或串列双人座舱,两侧进气,后掠式中单翼、单垂尾、翼身融合布局。2台TFE1042涡轮风扇发动机,加力推力2×37.14千牛。

主要武器配备为:1门M61A"火神"20毫米6管航炮;9个外挂架,可根据任务选挂空空导弹、空地(舰)导弹、火箭弹、炸弹、子母弹等。该机翼展8.53米,机长13.26米,机高4.65米,机翼面积24.26平方米;正常起飞重量9525千克,最大起飞重量12247千克;空机重量6486千克,最大武器挂重.2109千克;最大平飞速度1274千米/小时,实用升限16775米,最大爬升率254米/秒,最大使用过载9.0g;作战半径600千米,起飞滑跑距离360米。

中国台湾IDF战斗机

第三节 轰炸机

轰炸机(bomber)是指专门用于对地面、水面(水下)目标实施轰炸的作战飞机。机上除装有用于自卫的航炮(或机枪)外,主要武器是空地(舰)导弹、炸弹、水雷、鱼雷等。特点是:载弹多、航程远、突击力强、生存力高,是航空兵作战的主要机种之一。

分类

按载弹量多少,轰炸机有重型(10吨以上)、中型(5~10吨)和轻型(5吨以下)之分;按航程远近,轰炸机有远程(8000 千米以上)、中程(3000~8000 千米)和近程(3000 千米以下)之别;按执行任务不同,又有战略轰炸机和战术轰炸机之异;还可以按飞行速度的快慢,分为超音速和亚音速轰炸机。

简史

轰炸机最早出现于第一次世界大战,当时的轰炸机多为双翼机或三翼机,大多装 2~4 台活塞式发动机,载弹不及 2 吨(有的超过 3 吨),航程 500~1000 千米,有的达到 1500 千米。因其在战争中的作用明显,地位突出,而深受人们青睐,一些军事大国纷纷斥巨资大力发展,使得轰炸机的战术技术性能不断提高。至第二次世界大战时,美国生产的 B-29 轰炸机,其最大载弹量已达 9 吨,携带 8 吨炸弹的航程已接近 7000 千米。第二次世界大战后,轰炸机的发展并未因战争的结束而减缓。相反,以美、苏为代表的两大军事集团,在大力发展战斗机的同时,进一步强化新一代轰炸机的研制。

20 世纪 50 年代初,美国 B-52 远程战略轰炸机问世。60 年代末,苏联图-22M 可变后掠翼超音速重型轰炸机研制成功。80 年代以来,随着科学技术的进步与发展,一些布局新颖、设计独特、具有一定隐身能力的先进轰炸机相继服役,如苏联的图-160 超音速战略轰炸机和美国 B-2 隐身战略轰炸机等。这些新的轰炸机多采用可变后掠翼(或飞翼式)布局涡轮风扇发动机;机上装先进的通信导航设备、多功能火控雷达、大屏幕显示器、电子对抗系统、敌我识别装置、全向告警系统等;广泛采用多余度电传操纵技术;先进的火控系统可保证轰炸机具有全天候轰炸能力和很高的轰炸命中精度,不仅能完成常规轰炸,还能携带短程攻击导弹和巡航导弹,在敌防空火力之外实施空中打击。战略轰炸机生存能力强,灵活性大,仍是一些军事大国空军发展的重点之一;而战术轰炸机,已从 20 世纪 50 年代中期起被战斗轰炸机逐步取代。

发展趋势

改进隐身技术,提高突防能力和生存能力;改进机载火控系统,提高轰炸命中精度,是未来轰炸机的发展方向。

美国 B-2"幽灵"轰炸机

该机是美国诺斯罗普公司研制的隐身战略轰炸机。1989 年 7 月 17 日首飞,1993 年底交付使用。美国空军采购 21 架,全项目耗资 444 亿美元,平均每架 21.1 亿美元,是世界上最昂贵的作战飞机。美国空军称 B-2 轰炸机具有"全球到达"和"全球摧毁"能力。B-2 轰炸机有三种作战任务:一是不被发现地深入敌方腹地,高精度地投放炸弹或发射导弹,使武器系统具有最高效率;二是探测、发现并摧毁移动目标;三是建立威慑力量。美国空军扬言,B-2 轰炸机能在接到命令后数小时内由美国本土起飞,攻击世界上任何地区的目标。

该机雷达反射面积很小,只有约 0.1～0.4 平方米,是世界上第一种真正具有隐身功能的轰炸机。B-2 轰炸机采用无尾式飞翼布局,蜂窝式结构,大量采用复合材料,可收放式前三点起落架,乘员 2 人(驾驶员和任务管理员,必要时可乘 3 人)。动力装置为四台 F118-GE-100 涡轮风扇发动机,推力 4×77 千牛,出于隐身的考虑,发动机进气道和排气口均设在机翼上表面。机上装 AN/APQ-181 低截获率

美国 B-2"幽灵"轰炸机

攻击雷达、GPS半自动目标导向系统、TCN-250塔康系统、ICS-150X通信设备等。

机上无内装式航炮，也没有外挂架，机身内两个并排的武器舱，可携带16枚AGM-129巡航导弹，或16颗B61(战术)/B83(战略)核炸弹，或36颗CBU-87/89集束炸弹，或12枚GBU-31联合攻击弹药，或80枚227千克重的Mk36水雷。最大载弹量18160千克。该机翼展52.12米，机长21.00米，机高5.10米，机翼面积477.05平方米；空机重量56700千克，正常起飞重量152635千克；最大平飞速度990千米/小时，实用升限15240米，航程11675千米。

1999年5月8日，以美国为首的北约集团出动B-2轰炸机，使用精确制导弹药悍然袭击中国驻南斯拉夫大使馆，炸毁馆舍并造成多名人员伤亡。

2001年10月，B-2"幽灵"轰炸机参加了对阿富汗的军事行动。

2003年3月，B-2"幽灵"轰炸机参加了对伊拉克的军事行动。

2008年2月23日，一架美军B-2战略轰炸机在关岛空军基地内坠毁。目前还有20架。

第四节 攻击机

攻击机(attacker)是指用于从低空、超低空突击敌战术目标和浅近战役小型目标，为地面部队(或水面舰艇部队)提供火力支援的作战飞机。攻击机具有良好的低空操纵性、安定性和搜索地面小目标能力，可携带导弹、炸弹、火箭弹等多种对地攻击武器。为提高战场生存力，其要害部位一般都有装甲保护。

简史

第一次世界大战中，德国率先研制并开始使用攻击机。第二次世界大战前夕，苏联研制的伊尔-2攻击机问世，后在战争中大量使用，发挥过较好作用。战争后期，德国在Ju.87俯冲轰炸机上加设装甲，安装37毫米加农炮，改装成攻击机，专门用于低空反坦克作战，也曾取得较好战绩。战后，攻击机又有新的发展。20世纪60年代末，英国研制成功"鹞"式垂直/短距起落攻击机。70年代初，美国生产的专门对付装甲目标的A-10攻击机交付使用。80年代初，苏军装备的苏-25攻击机形成战斗力，并在入侵阿富汗的战争中广泛使用。它们的共同特点是，突防能力强、生存能力高、起降性能好、机载设备先进、功能齐全、可昼夜全天候作战，机载武器品种多、数量大、火力猛、威力强，可一次通过投射多枚武器打击多个目标，或投射多枚武器集中攻击一个目标，并有较高的命中精度。

20世纪80年代以来，攻击机的部分任务已经被武装直升机所代替。与武装直升机相比，攻击机留空时间长、载弹量大、生存能力强，但是在陆空协同作战、直接火力支援、快速反应能力方面不如武装直升机。尤其在遭到对方空中拦截时，如果缺乏有效的空中掩护，速度较慢的攻击机的生存能力，有时还不及可以贴地面飞行、利用地形地物掩护的武装直升机。两者各有所长，相互不能取代，研发新一代攻击机仍将是未来的发展方向。

俄罗斯苏-39攻击机

该机是俄罗斯苏霍伊公司在苏-25UB双座攻击教练机基础上发展的

双座双发亚音速攻击机，1996年首飞，当时称苏－25TM，后来改称苏－39，北约起绰号"白脸熊"。

该机装有两台Р－195发动机，单台推力44.1千牛。机长15.53米，机高5.20米，翼展14.36米，最大起飞重量20500千克，最大速度950千克/小时，最大航程2250千米，战半径700千米，实用升限10000米。机腹装有一部"矛"－25脉冲多普勒雷达吊舱，最大探测距离100千米，能同时跟踪10个目标，并攻击其中两个目标。机载武器有1门30毫米机炮，10个外挂架，可以挂载16枚"旋风"激光架束制导超音速反坦克导弹，还可挂载电视制导、激光制导空地导弹、反辐射导弹、反舰导弹、各种炸弹和火箭弹，最外侧两个外挂点可挂R－73红外制导近距空空导弹及R－27半主动雷达制导中距空空导弹，最大载弹量5000千米。

俄罗斯苏－39攻击机

第五节　战斗轰炸机

　　战斗轰炸机（fighter－bomber）是指用于突击敌战役战术纵深内的地（水）面目标并具有一定空战能力的作战飞机，又称歼击轰炸机。其飞行速度与战斗机相当（或稍差），但低空突防性能好，对地攻击火力强，适合在各种气象条件下遂行对地攻击任务。

简史

最初的战斗轰炸机是由战斗机改装而成，20世纪40年代，美国在中缅边境对日本作战中，使用P－40战斗机，外挂200千克炸弹，遂行战术轰炸任务；1955年，苏联用战斗机改装而成的苏－7战斗轰炸机首飞成功，机上开始安装专用的甩投轰炸装置。1958年，美国专门研制的F－105战斗轰炸机问世，曾在东南亚战场上大量使用，是轰炸越南北方的主要机种。从70年代起，随着机载电子设备的不断改进和武器系统功能的逐渐完善，专门设计的战斗轰炸机越来越多，性能越来越好。新一代战斗轰炸机，配备先进的导航系统，能准确飞抵预定目标区；具有多种探测手段，如多功能雷达、红外观测仪、微光夜视仪等，可全天候发现地面目标；拥有多种通信手段，可以与包括卫星、预警机、水面舰艇在内的多方面建立联系；并有足够的电子对抗能力。一般都配备空中加油系统。以美国的F－15E为例，其武器挂架多达11个，载弹量超过11吨，能携带普通炸弹、制导炸弹、核炸弹、航空子母弹、空地导弹、空空导弹等多种武器，最大平飞速度达到2450千米/小时。其机动性不仅可以摆脱战斗机的拦截，而且足以满足空战的要求。随着战斗轰炸机的迅速发展，从50年代中期起，战术轰炸机被逐渐淘汰。

发展趋势

在不过多影响其作战性能的前提下提高垂直/短距起落能力；提高机载设备的智能化水平，减轻飞行员疲劳强度；加强远程打击能力，降低飞机全寿命费用和简化维修要求等，是未来考虑的主要问题。

俄罗斯苏－34战斗轰炸机

该机俄罗斯苏霍伊设计局在苏－27的基础上发展起来的双座双发远程

战斗轰炸机。1993年12月18日原型机首飞。验证机称苏-27IB,海军改进型称苏-32FN,俄罗斯空军已决定用其取代现役苏-24飞机。

苏-34战斗轰炸机是在苏-27战斗机的机身上加装鸭式前翼形成三翼面布局,机身截面改为卵圆形,进气道不可调,一些关键部位采用反雷达塑料,并列式双人座舱,周围设装甲保护,钛合金钢板厚达17毫米。动力装置为2台AL-35涡轮风扇发动机,加力推力2×133千牛。两部火控雷达,一部设在机头,另一部装在机尾;机上装全球卫星定位系统、惯性导航系统、威胁告警系统、电传操纵系统等先进机载设备。

俄罗斯苏-34战斗轰炸机

主要武器配备为:1门GSh-30-1式30毫米口径航炮,备弹180发;全机12个外挂点,可选挂R-77、R-73等中程和近距空空导弹,Kh-25、Kh-29M、Kh-31、Kh-58、Kh-59等空(地)舰导弹以及炸弹、火箭弹等。最大外挂重量8000千克。该机翼展14.70米,机长23.33米,机高6.36米,机翼面积62.00平方米;空机重量约20400千克,正常起飞重量42000千克,最大起飞重量45100千克,最大机内载油量:12000千克;最大平飞速度1910千米/小时,最大使用过载7.0g,实用升限14000米,最大油量航程4500千米,两次空中加油航程可达7000千米,起飞滑跑距离1260米,着陆滑跑距离(用伞)950米。

美国F-15E"鹰"战斗轰炸机

该机是美国麦克唐纳·道格拉斯公司在F-15B基础上发展而成的双

座、双发战斗轰炸机。1986年12月11日原型机首飞,1988年底开始交付使用。在保持原有空战能力的同时,加强了纵深攻击能力,故又称"双重"任务战斗机。该机载弹多、航程远、攻击能力强,是目前美国空军的主力作战飞机之一。单机出厂价5183.3万美元。

F-15E战斗轰炸机,串列式双人座舱,切三角形上单翼、大面积双垂尾布局。动力装置为2台F100-PW-229涡轮风扇发动机,加力推力2×129.4千牛。机上装AN/APG-70脉冲多普勒雷达、前视红外/激光跟踪器、广角平视显示器、环形激光陀螺惯性导航系统、综合飞行火力控制系统、大气数据计算机等设备。AN/APG-70雷达的上视发现距离180千米,下视发现距离130千米;方位扫描±65°,俯仰扫描±65°。

美国F-15E"鹰"战斗轰炸机

主要武器配备为:1门20毫米M61A1六管航炮,备弹512发;全机11个外挂点,执行空战任务时可选挂4枚AIM-9"响尾蛇"和4枚AIM-7"麻雀"或8枚AIM-120空空导弹;对地攻击时可携带AGM-65"幼畜"等空地导弹、激光制导炸弹、核炸弹、常规炸弹等;最大载弹量11113千克。该机翼展13.05米,机长19.43米,机高5.63米,机翼面积56.5平方米;空机重量14515千克,正常起飞重量24310千克,最大起飞重量36740千克,机内最大载油量5952千克,空战重量21335千克;最大平飞速度(高度12.200米)2450千米/小时,巡航速度980千米/小时,最大瞬时盘旋角速度16°/秒,最大使用过载9.0g,实用升限17000米,最大爬升率250米/秒,作战半径1270千米,最大航程4445千米,起飞滑跑距离700

米，着陆滑跑距离 900 米。

1991 年海湾战争中，美国有 48 架 F-15E 参战，出动 2210 架次，损失 2 架。

第六节　电子战飞机

电子战飞机(electronic warfare aircraft)是指专门用于对敌方雷达、通信、武器制导系统等电子设备实施电子干扰或攻击的作战飞机。

分类

按作战使命不同，大体分为电子干扰飞机和反雷达飞机两种，也有人把电子侦察飞机列入电子战飞机。通常由战斗机、攻击机、轰炸机或运输机等改装而成。

发展趋势

选用续航能力强、机动性能好、雷达截面积小的作战飞机进行改装；研制多用途和无人驾驶电子战飞机；扩展电子对抗设备的频率范围，提高自动化程度和在复杂电磁环境中的工作能力，增强干扰的等效辐射功率，提高对雷达攻击的命中率等，是未来的主要发展方向。

美国 EC-130H "罗盘呼叫" 电子战飞机

该机是美国洛克希德公司在 C-130H 战术运输机的基础上改装而成的通信干扰机。1982 年 4 月开始服役，美国空军已装备 26 架。主要作战任务是，对敌方通信、指挥和控制系统，实施大功率压制性电子干扰，为己方作战飞机达成作战目的创造条件。

EC－130H 的气动布局和外形尺寸与 C－130H 的基本相同。悬臂式上单翼布局，全金属受力蒙皮结构。机身外布有密密麻麻的天线，接收天线集中在机翼后缘之前，发射天线布置在机翼后缘之后，2 条沿机身腹部布置的测向天线，在飞机飞行时，可向外伸出。12 名机组人员。动力装置为 4 台 T56－A－15 涡轮螺旋桨发动机，功率 4×3362 千瓦。机上除保留 C－130H 运输机上原有的通信、导航等设备外，还配备"罗盘呼叫"通信对抗系统；该系统频率覆盖范围 20～1000 兆赫，干扰功率 5～10 千瓦，波瓣宽度；方位角 20°，仰仰角 60°至 70°，能施放杂波干扰和欺骗干扰。此外，机上还装有 AN/ALR－62(V) 雷达告警接收机、AN/ALQ－157 红外干扰机、AN/ALE－47 干扰物投放器等设备。

美国 EC－130H "罗盘呼叫"电子战飞机

机上没有配备武器。该机翼展 40.41 米，机长 29.79 米，机高 11.16 米，机翼面积 162.12 平方米，最大起飞重量 70000 千克；最大平飞速度 583 千米/小时，实用升限 8500 米，转场航程 7560 千米，续航时间 6 小时 30 分钟。

EC－130H 在入侵巴拿马的军事行动、1991 年的海湾战争、1999 年的科索沃战争、2001 年的阿富汗战争和 2003 年的伊拉克战争等多次局部战争和地区作战，在干扰和破坏对方军事通信系统方面发挥了重要作用。

美国 EF-111A 电子战飞机

该机是美国空军委托格鲁门公司在通用动力公司 F-111A 机体基础上研制的专用电子战飞机，是美军现役最多的电子战飞机，1981 年 11 月 EF-111A 开始交付空军使用。EF-111A 能执行以下三类任务：远距离干扰，在敌方地面炮火射程以外建立电子屏障，掩护自己的攻击力量；突防护航干扰，伴随攻击机沿航路边干扰敌方防空系统的电子设备；近距支援干扰，在近距离干扰敌炮瞄雷达与导弹制导雷达，掩护近距支援攻击机。

美国 EF-111A 电子战飞机

该机共有两名乘员，一名驾驶员，一名电子对抗操作员。装 2 台 TF30-P-3 涡扇发动机，单台推力 8400 千克，总推力 16800 千克。机长 23.16 米，翼展 19.2 米，机高 6.10 米。最大起飞重量 40350 千克，最大速度 M2.02/2140 千米/小时，作战飞行速度（远距离干扰）595 千米/小时，突防护航 940 千米/小时，近距支援干扰 856 千米/小时，突防护航作战升限 16670 米，作战半径 1495 千米，转场航程 3706 千米。

EF-111A 的主要机械设备包括：战术干扰系统、特高频指令仪、自卫系统、终端威胁警告系统、敌我识别器、攻击雷达、地形跟踪雷达、雷达高度表、惯性导航系统、特高频定向器、仪表着陆系统、高频通信电台等。

第七节　侦察机

侦察机(reconnaissanceair craft)是指专门用于从空中获取情报的军用飞机,是现代战争中的主要侦察工具之一。

分类

按执行任务范围,分为战略侦察机和战术侦察机。战略侦察机一般具有航程远和高空、高速飞行性能,用以获取战略情报,多是专门设计的。战术侦察机具有低空、高速飞行性能,用以获取战役战术情报,通常用歼击机改装而成。

组成

侦察机一般不携带武器,主要依靠其高速性能和加装电子对抗装备来提高其生存能力。通常装有航空照相机、前视或侧视雷达和电视、红外线侦察设备,有的还装有实时情报处理设备和传递装置。侦察设备装在机舱内或外挂的吊舱内。侦察机可进行目视侦察、成像侦察和电子侦察(见电子对抗飞机)。成像侦察是侦察机实施侦察的重要方法,它包括可见光照像、红外照像与成像、雷达成像、微波成像、电视成像等。

简史

飞机在军事上的最初应用是进行侦察。1910年6月9日,法国陆军的玛尔科奈大尉和弗坎中尉驾驶着一架亨利·法尔曼双翼机进行了世界上第一次试验性的侦察飞行。这架飞机本是单座飞机,由弗坎中尉钻到驾驶座和发动之间,手拿照相机对地面的道路、铁路、城镇和农田进行了拍照。可以说,从这一天起,最早的侦察机便诞生。第一次世界大战的侦察飞行发生在1910年10月爆发的意大利—土耳其战争中。10月23日,意大利皮亚查上尉驾驶一架法国制造的布莱里奥X1型飞机从利比精致的黎波里基地起飞,对土耳其军队的阵地进行了肉眼和照相侦察。此后,意军又进行多次侦察飞行,并根据结果编绘了照片地图册。第一次世界大战爆发后,欧洲各交战国都很重视侦察机的应用。在大战的初期,德军进攻处于优势,直插巴黎。1914年9月3日,法军的一架侦察机发现德军的右翼缺少掩护,于是法国根据飞行侦察的情报,趁机反击,发动了意义重大的马恩河战役,终于遏止了德军的攻势,扭转了战局。第二次世界大战中,侦察机应用得更广泛,出现敢可进行垂直照相及倾斜照相的高空航空照相机和雷达侦察设备大战末期还出现了电子侦察机。20世纪50年代,侦察机的飞行性能显著提高,飞行速度超过音速,机载侦察设备也有很大改进。拍摄目标后几十秒钟就能印出照片,并可用无线电传真传送到地面。还出现了一些专门研制的侦察机,如美国的U-2侦察机。60年代,研制出3倍音速的战略侦察机,如美国的SR-71侦察机,其最大飞行速度超过M3.0,实用升限达25千米左右,照相侦察1小时的拍摄范围可达15万平方千米。80年代初,有的国家着手研制飞行速度为M5.0左右、升限超过3万米的高空高速侦察机。无人驾驶侦察机将得到更广泛的应用。

发展趋势

侦察卫星的出现,取代了相当一部分侦察机的作用。另外由于防空导弹的发展,使侦察机深放敌方的飞行变得日益危险。但侦察机仍得到继续发展。目前有人驾驶侦察机主要执行在敌方防空火力圈之外的电子侦察任务,大部分深入敌方空域的侦察任务由无人驾驶侦察机来执行。侦察机的"隐身"技术正在得到应用和发展,以提高侦察机的生存能力。

美国"全球鹰"无人侦察机

"全球鹰"是诺斯罗普·格鲁曼公司研制的高空高速长航时无人侦察机,是美国空军乃至全世界最先进的无人机。"全球鹰"于1998年2月首飞,在ACTD计划执行期内完成了58个起降,共719.4小时飞行。2000年3月试飞继续,6月一个完整的"全球鹰"系统部署到了爱德华兹空军基地。该机长13.4米,翼展35.5米,最大起飞重量11610千克,最大载油量6577千克,有效载荷900千克。一台涡扇发动机置于机身上方,最大飞行速度740千米/小时,巡航速度635千米/小时,航程26000千米,续航时间42小时。可从美国本土起飞到达全球任何地点进行侦察,或者在距基地5500千米的目标上空连续侦察监视24小时,然后返回基地。

机上载有合成孔径雷达、电视摄像机、红外探测器三种侦察设备,以及防御性电子对抗装备和数字通信设备。合成孔径雷达的探测距离范围为20~200千米,能在一天当中监视1.374×10^5平方公里的面积,图像分辨率为0.9米,可区分小汽车和卡车;或者对1900个2千米×2千米的可疑地区进行仔细观察,图像分辨率为0.3米,能区分静止目标和活动目标。电视摄像机用于对目标拍照,图像分辨率接近照相底片的水平。红外探测器可发现伪装目标,分辨出活动目标

美国"全球鹰"无人侦察机

和静止目标。侦察设备所获得的目标图像通过卫星通信或微波接力通信，以 50 兆/秒的速率实时传输到地面站，经过信息处理，把情报发送给战区或战场指挥中心，为指挥官进行决策或战场毁伤评估提供情报。

美国"捕食者"无人侦察机

该机是美军用于为战区指挥官及合成部队指挥官进行决策提供情报支持的中空长航时无人侦察机。首飞于 1994 年，并于当年具备了实战能力。目前美军已装备"捕食者"无人侦察机 60 架。

该机机长 8.13 米，翼展 14.85 米，最大活动半径 3700 千米，最大飞行时速 240 千米，最大留空时间 24 小时，最大续航时间 60 小时。装有光电/红外侦察设备、GPS 导航设备和具有全天候侦察能力的合成孔径雷达，在 4000 米高处分辨率为 0.3 米，对目标定位精度

美国"捕食者"无人侦察机

0.25 米。可采用软式着陆或降落伞紧急回收。

1996 年，"捕食者"参加了波斯尼亚维和。1999 年，"捕食者"在科索沃出动了 50 余架次。2001 年，一架"捕食者"成功发回了本·拉登手下一名高级军官藏身地点的实时视频信号，随后多架 F-15E 轰炸了该地区，杀死了该名军官。在当年 10 月"捕食者"首次在实战中发射导弹摧毁了一辆塔利班坦克。2003 年 3 月，"捕食者"开始携带 AGM-114K"海尔法"Ⅱ 激光制导反坦克导弹，执行摧毁伊拉克的 ZSU-23-4 自行高射炮的任务。

第八节 预警机

预警机，又称空中指挥预警飞机，是装有远程警戒雷达用于搜索、监视空中或海上目标，指挥并可引导己方飞机执行作战任务的飞机。大多数预警机有一个显著的特征，就是机背上背有一个大"蘑菇"，那是预警雷达的天线罩。目前，世界上拥有预警机的主要国家和机型有：中国有空警－2000，美国装备了 E－2A、C、2000 型"鹰眼"预警机和 E－3"望楼"预警机、E－8"联合星"远距离雷达监视机，俄罗斯装备了 A－50"中坚"预警机、图－126 预警机，英国装备了"猎迷"－MK3 预警机，日本装备了 E－767 预警机和 E－2C"鹰眼"预警机，以色列装备了先进的"费尔康"预警机……预警机自诞生之日起，就在几场高技术局部战争中大显身手，屡建奇功，深受各国青睐。

组成

机上一般包括：雷达探测系统，敌我识别系统，电子侦察和通信侦察系统，导航系统，数据处理系统，通信系统，显示和控制系统等。

简史

第二次世界大战后期，美国海军根据太平洋海空战的经验教训，为了及时发现利用舰载雷达盲区接近舰队的敌机，试验将警戒雷达装在飞机上，利用飞机的飞行高度，缩小雷达盲区，扩大探测距离，于是便把当时最先进的雷达搬上了小型的 TBM－3W 飞机，改装成世界上第一架空中预警机试验机 AD－3W"复仇者"，它于 1944 年首次试飞。

50年代，美国继续预警机的研制工作，将新型雷达安装在C-1A小型运输机上，改装成XTF-1W早期预警机，于1956年12月17日前次试飞，后来又经改进，装上新型电子设备，在1958年3月3日试飞成功，正式定名为E-1B"跟踪者"式舰载预警机，1960年1月20日正式装备美国海军。E-1B是世界上第一次实用的预警机，它初步具备了探测、海上和空中目标、识别敌我、引导己方飞机攻击敌方目标的能力。

　　70年代，脉冲多普勒雷达技术和机载动目标显示技术的进步，使预警机的功能由警戒发展到可同时对多批目标实施指挥引导。于是便诞生了新一代预警机，其代表是美海军的E-2C"鹰眼"和美空军的E-3A"望楼"。1982年4月，在英国与阿根廷之间发生的马尔维纳斯群岛战争中，英国舰队由于未装备预警机，不能及时发现低空袭来的阿根廷飞机，以致遭受重创。同年6月的以色列入侵黎巴嫩战争中，以色列空军使用E-2C预警机引导己方飞机，袭击叙利亚军队驻贝卡谷地的防空导弹阵地，并进行空战。结果叙军19个导弹连被毁，约80架被击落，而以方无一损失。

　　在1991年的海湾战争中，E-2C和E-3A预警机为以美军为首的多国部队赢得胜利，发挥了重要作用。在美国近年来的多次海空作战行动中，无一不出现预警机的身影。一位军事专家曾说过，"一个国家如果拥有较好的预警机，即使战机数量只有对手的一半，也一样可以赢得战争。"预警机实际上是把预警雷达及相应的数据处理设备搬到高空，以克服地面预警雷达的盲区，从而有效地扩大整个空间的预警范围。

发展趋势

　　为了适应未来战争的需要，世界各军事强国在加强、完善预警机方面都不遗余力，从而使预警机的发展呈现出了以下趋势：①不断提高现役预警机的性能,延长服役期。②研制性能适中、价格便宜的小型预警机。③相控阵雷达是预警机发展的主要方向。

以色列"费尔康"预警机

该机是以色列飞机公司(IAI)与其下属的 ELLA 公司于 80 年代末联合研制的预警机。该机是用波音 707 运输机改装的,其原型机于 1993 年 5 月 12 日首飞。

"费尔康"预警机采用了有源相控阵雷达及飞机外皮与天线阵融合为一体等新技术,不像 E-3 那样采用机背圆盘旋转天线整流罩,与传统的预警机相比,"费尔康"安装了 6 个格板形相控阵 L 波段保形雷达,可

以色列"费尔康"预警机

360 度全方位覆盖,雷达工作频率选为 L 波段(40~46GHz)是为了探测诸如巡航导弹、直升机、战斗机及小型舰船等雷达反射截面小的小目标,其探测距离为对战斗机、攻击机 370 千米,对直升机 180 千米,并可以同时处理 100 个目标。总的来说,"费尔康"预警机的空中预警能力基本上与美国 E-3 预警机相同,有些性能甚至超过 E-3,但价格却只有 E-3 的 1/3 左右。

"费尔康"预警机最多可载 17 名机上工作人员,其中包括任务指挥长 1 名、雷达操作员 5 名、电子情报操作员 1 名、电子支援设备操作员 1 名、通信员 1 名、辅助通信员 1 名、数据链操作员 1 名、试验设备操作员 2 名等。尺寸数据:翼展 44.42 米,机长 48.41 米,机高 12.93 米,机翼面积 283.4 平方米。重量数据:空重 80000 千克,最大起飞重量 150000 千克。性能数据:最大平

飞速度 880 千米/小时，巡航速度 780 千米/小时，航程 8500 千米，最大续航时间 12 小时。

1996 年，以色列和中国洽谈成"费尔康"预警及控制系统交易。但在美国的压力下，以色列被迫取消合同，并向中国支付 3.5 亿美元的毁约补偿金。但在 2004 年，以色列将 3 架"费尔康"卖给印度，这笔 11 亿美元的交易使得以色列也首次成为世界 5 大武器出口国之一。

中国空警 2000 预警机

该机的服役填补我军没有预警机的空白。该预警机采用俄制伊尔－76 为载机，但固态有源相近代阵雷达、显近代台、软件、砷化镓微波单片集成电路、高速数据处理电脑、数据总线和接口装置等皆为中国设计和生产。

中国空警 2000 预警机

德国军事研究机构 WFIO 于 2008 年 5 月 19 日的研究报告指出，空警 2000 预警机雷达系统性能先进，创造性地使用"瞬态极化"等数十项先进技术，对空中和地面移动目标有非常好的探测能力和效率。其机载雷达对高空目标的侦测距离为 1200 千米，对低空和水面目标的探测距离为 800 千米，经过空中加油，该机甚至可以实施 24 小时不间断侦察监视。可同时跟踪 1800 个目标，处理 700～900 个目标，能够做到同时自动引导和指挥 100 批次 2000 架飞机进行拦截作战。由于在探测隐形技术上取得突破，单机可探测 300 千米内的现役任何隐形飞机（包括 F22、F117A 等），双机可探测700千米内的现役任何隐形飞机。

第九节 武装直升机

武装直升机(armed helicopter)是指直接参加战斗,打击敌方目标的直升机。

分类

按结构、设计和使用的不同,可分为专用武装直升机、多用途武装直升机和反潜反舰直升机。按打击对象的不同,武装直升机还有反坦克、反水雷等类型;按使用基地不同,又有陆基型和舰载型之分。

专用武装直升机,又称攻击直升机,具有良好的机动性和敏捷性,较强的抗弹击、抗坠毁能力;机载武器品种多、火力猛、精度高、攻击能力强。多用途武装直升机,是一种可执行战斗、运输、搜索、救援等多种任务的武装直升机。反潜反舰直升机,主要用于攻击水面舰艇和潜艇。现代战争对武装直升机的战术使用和技术发展产生很大影响。

简史

20世纪60~70年代的越南战争,肯定了直升机空中机动的战术作用,促成了反坦克武装直升机的诞生。70~80年代的中东战争,较大规模的武装直升机参加了反坦克作战,从而证实了武装直升机在反坦克方面的作用。80年代,在英阿马尔维纳斯(福克兰)群岛战争中,携带反舰导弹的武装直升机攻潜、攻舰的成功,显示了武装直升机在反潜和反舰方面的能力。在苏联入侵阿富汗战争中武装直升机进行了机动作战和提供火力支援。在两伊战

争中出现了武装直升机空战。

90年代的海湾战争,开创了大规模实施直升机战役机动的先例。所有这些都促进了武装直升机的发展,使武装直升机成为现代战争中的一种重要的武器。经过多年的发展,现代的武装直升机已不再是简单的"直升机加武器"。武装直升机在结构设计、总体布局等方面有着完全不同于民用运输直升机的要求,如:具有较好的隐身能力、较强的抗弹击能力、抗坠毁能力、高过载机动飞行能力等;能携带机枪、航炮、炸弹、火箭及导弹等多种武器;电子设备更完善,动力装置更先进,能在复杂气象条件下执行作战任务。因此,现代武装直升机的价格比较昂贵。

发展趋势

除进一步提高飞行速度和机动性能外,主要是改进武器及火控系统,发展发射后不管的制导武器及适于直升机空战的导弹;应用隐身技术,减少被发现概率;提高座舱设备的自动化程度,研究单杆驾驶技术(将总距－油门杆与驾驶杆合成一杆),逐步实现由一人完成武装直升机的驾驶和作战。

俄罗斯卡－50"黑鲨"武装直升机

该直升机是苏联卡莫夫设计局研制的单座双发攻击直升机。北大西洋公约组织给予其绰号"噱头",1991年开始装备部队。主要用于反坦克,还可遂行反舰、反潜、电子侦察等任务,是目前世界上唯一单人驾驶的武装直升机。

该直升机总体设计有两个突出特点:一是加强了飞行员防护。采用全金属座舱,重要部位有装甲保护,座舱罩前风挡用透明防弹玻璃制成,配装具有零高零速弹射性能的K－37火箭座椅。二是机载电子设备比较先进。

机上导航、瞄准、火力控制与飞行控制等，均采用综合一体化设计技术，显示系统能做到对目标自动跟踪，机上装四通道自动驾驶仪和数字式地图。

卡-50直升机，双旋翼(各有3片桨叶)上下两层共轴反转，无尾桨布局，前三点可收放轮式起落架。流线型窄机身，头部呈锥形，内装瞄准探测装置。单人驾驶舱，采用双层装甲结构。动力装置为2台TV3-117VMA型涡轮轴发动机，功率2×1640千瓦。机上装敌我识别器、电子干扰设备和雷达告警接收机等。

俄罗斯卡-50"黑鲨"武装直升机

主要武器配备为：机身右侧1门2A42型30毫米单管航炮(备弹470发)，短翼下有4个挂点，可挂12枚AT-12"冲锋"激光制导反坦克导弹，或4具S-8火箭发射器，内装4×20枚80毫米火箭弹，或4具S-13火箭发射器，内装4×5枚122毫米火箭弹；也可挂高速航炮吊舱、航空炸弹、Kh-25反辐射导弹，及P-60和P-73空空导弹等。该机旋翼直径14.50米，机长16.00米，机高4.93米，短翼翼展7.50米；空机重量7692千克，最大起飞重量10800千克，正常起飞重量9800千克；最大平飞速度300千米/小时，巡航速度270千米/小时。最大垂直爬升率10米/秒，有地效悬停高度5500米，无地效悬停高度4000米，作战半径250千米，转场航程1160千米，最大续航时间3小时。

俄罗斯卡-52"短吻鳄"武装直升机

该直升机是俄罗斯卡莫夫设计局在卡-50基础上研制而成的双座双发

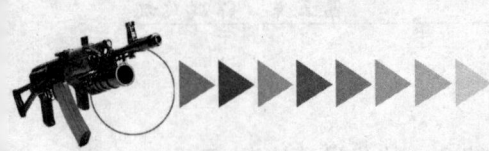

攻击直升机。1996年12月曾在印度航空展览会上展出，1997年6月25日原型机首飞。卡－52沿袭卡－50的设计方案，动力装置仍然采用2台TV3－117VMA型涡轮轴发动机(单台最大功率1640千瓦)，气动布局、外形尺寸、武器配置、技术性能与卡－50大体相同。区别在于：加宽了前机身和机头的尺寸，改单人驾驶舱为并列式双人驾驶舱，内设两套操纵机构；驾驶舱外部顶篷上装球形稳定瞄准装置，机头下部装雷达天线；另外，为适合舰上停放，卡－52的旋翼可以折叠。

武器配备与卡－50直升机基本相同。只是30毫米单管航炮的备弹从470发减少到240发；另外，根据用户需要可以选装"钢针"空空导弹、FAB－500航空炸弹或布撒武器，最大外挂重量3000千克。该机空机重量7800千克，最大俯冲速度390千米/小时，最大侧飞速度180千米/时，最大后飞速度90千米/时，垂直爬升率(在高度2500米)8米/秒，无地效悬停高度3600米，正常起飞重量航程450千米，最大航程460千米(机内油箱剩20分钟余油)。

俄罗斯卡－52"短吻鳄"武装直升机

俄罗斯米－35武装直升机

该直升机是俄罗斯米里设计局正在为出口而研制的多用途武装直升机。其机身与米－24D相似，升力系统(旋翼和尾桨)与米－28相同。有米－35(米－24V的出口型、两套操纵系统的教练型)、U(为印度生产型)、P(米－24P的出口型)、M(加强夜间作战能力型)等型别。

米-35直升机(以M型为例),单旋翼(5片桨叶)带尾桨(3片桨叶)常规布局,驾驶舱设纵列式梯次排列双人座椅,前风挡用防弹玻璃制成,四周有装甲

俄罗斯米-35武装直升机

保护;机舱可乘6名人员;前三点不可收放轮式起落架,机体结构大量采用复合材料。动力装置为两台TV3-117VMA涡轮轴发动机,功率2×1640千瓦,进气口设防砂尘装置及整流罩。机上装激光陀螺惯导系统、GPS全球定位系统、搜索瞄准系统、前视红外装置、平视和下视显示器以及夜间作战电子系统(NOCAS)等设备。

主要武器配备为:头部活动炮塔装1门23毫米口径双管航炮,备弹470发;机身两侧短翼下面各有3个武器挂架,可挂16枚或无线电制导的9M114(AT-6"螺旋"),或激光制导的9M-120反坦克导弹,或16枚9A-220空空导弹;也可选挂GUV机枪/榴弹发射吊舱、B-13L火箭发射吊舱,或KMGU地雷布撒器。最大外挂重量2860千克。该机旋翼直径17.20米,尾桨直径3.84米,机长17.51米,机高3.97米,空机重量8090千克,正常起飞重量10800千克,最大起飞重量12000千克;最大平飞速度320千米/时,巡航速度260千米/小时,最大爬升率12.4米/秒,实用升限5700米,航程(挂4个副油箱)1000千米。

美国AH-64D"长弓阿帕奇"武装直升机

该直升机是美国休斯公司在AH-64A"阿帕奇"基础上改进而成的双座

双发攻击直升机,1996年开始交付使用。

相对于AH-64A,AH-64D有如下特点:①换装两台功率更大的T700-GE-701C涡轮轴发动机,单台最大功率达到1447千瓦。②换装"长弓"毫米波火控雷达,该雷达具有空空和空地两种作战方式,天线扫描视场达360度,能够跟踪飞行目标,能在恶劣气象条件下探测到利用地形地物进行伪装的目标。③采用数字化通信,速度可达16000字节/秒,信息传递快捷可靠。④机上装环形激光陀螺惯性导航设备、多普勒雷达、速度传感器、大气数据系统、全球定位系统和雷达高度表等,导航精度大大提高。⑤机上装识别告警系统、导弹逼近告警装置、先进的电子对抗设备等,对抗和生存能力显著增强。⑥燃油系统、液压系统、防冰系统、发动机调节系统以及速度、航程、续航时间等均通过机上3个处理中心管理,任务管理能力比较强。⑦机上装彩色液晶多功能显示器、飞行员头盔夜视瞄准系统、目标截获和瞄准系统,能在低能见度条件下探测和定位目标,夜间瞄准可提供红外图像。"长弓阿帕奇"的气动布局和外形尺寸与"阿帕奇"的基本相同。

美国AH-64D"长弓阿帕奇"武装直升机

主要武器配备为:机身下1门30毫米航炮,备弹1200发;短翼下有6个挂点,可挂16枚毫米波雷达制导的"海尔法"反坦克导弹,或2枚"毒刺"/"西北风"/"响尾蛇"空对空导弹,或4具火箭发射器,内装4×16枚70毫米火箭弹。该机空机重量5352千克,最大起飞重量10107千克;最大平飞速度264千米/小时,巡航速度246千米/小时,垂直爬升率12.8米/秒，有地效悬停高度5246千米，无地效悬停高度4124千米。

2001年10月，AH-64D"长弓阿帕奇"武装直升机参加了对阿富汗的军事行动。

2003年3月，AH-64D"长弓阿帕奇"武装直升机参加了对伊拉克的军事行动。

美国OH-58D"基奥瓦勇士"武装直升机

该直升机美国贝尔直升机公司在OH-58A基础上改进而成的一种兼具侦察、观测能力的单发轻型多用途武装直升机。1996年首批16架交付使用。最初用作空中侦察、目标指示、与武装直升机或地面炮兵协同作战，后来发展型亦可携带武器遂行对地、对空作战任务。除装备美国陆军外，还销往沙特阿拉伯、中国台湾等地。

OH-58D直升机，单旋翼（4片桨叶）带尾桨（2片桨叶）常规布局，驾驶舱与机舱合为一舱，前面并列设两张驾驶员座椅，后面可乘人员，或载物资；轻金属半硬壳机身，滑橇式起落架。动力装置为1台"艾利逊"250-C-30U涡轮轴发动机，额定功率485千瓦。机上装多功能综合显示器、数据联网信息传输系统、多普勒雷达、捷联式惯性导航系统、曳光弹/金属箔条布撒器、GPS接收机、飞行数字记录仪、红外热像仪、夜

美国OH-58D"基奥瓦勇士"武装直升机

视镜和姿态/航向参考系统等零旋翼轴上设桅杆式瞄准具。主要武器配备为：机身两侧挂架，可挂机枪、导弹、火箭弹等。执行侦察任务时，多与"阿帕奇"攻击直升机配合作战，使后者能准确发射激光铜制导的"海尔法"反坦克导弹零执行观测任务时，多与地面炮兵协同，使火炮发射的"铜班蛇"激光制导炮弹更具精确打击能力；也可以单独遂行攻击任务，发射"毒刺"空空导弹进行空战，或发射"海尔法"反坦克导弹支援地面作战。该机旋翼直径10.67米，机长12.85米，机高3.90米，空机重量1281千克，最大起飞重量2041千克，最大水平速度237米/小时，最大巡航速度222千米/小时，最大爬升率7.8米/秒，实用升限3660米；无地效悬停高度3415米，有地效悬停高度3660米，航程（最大燃油）556千米，续航时间2小时30分钟。

2001年10月，OH-58D"基奥瓦勇士"武装直升机参加了对阿富汗的军事行动。

美国RAH-66"科曼奇"武装直升机

该直升机是美国波音公司和西科斯基本公司联合研制的双座双发轻型攻击直升机。2001年首批6架初具作战能力的"科曼奇"开始试验性服役。

RAH-66直升机，单旋翼（5片桨叶）带涵道式尾桨（8片桨叶）高置水平尾翼布局，纵列式双人驾驶舱，后三点可收放、抗坠吸能轮式起落架。机身按隐身要求设计，操纵系统为全电传式自动飞行控制系统，驾驶舱内无脚蹬，右侧设一个四自由度手扳式驾驶杆，集俯仰、横侧、航向、垂直操纵功能

美国 RAH-66"科曼奇"武装直升机

于一杆(实现了直升机单杆驾驶功能);左侧有一个操纵杆,不但能起总距操纵作用,而且所有武器控制按钮均设在此杆手柄上。动力装置为 2 台 T800-LHT-801 涡轮轴发动机,功率 2×1068 千瓦。该机的机载设备在很大程度上借鉴固定翼作战飞机的先进技术,很多电子设备与 F-22 隐身战斗机的相同。机上装大屏幕液晶显示器、三余度数据总线、第二代前视红外瞄准装置和数字地图显示器、夜视导航系统、头盔显示器、抗干扰通信电台、全球定位系统、敌我识别器、激光/雷达告警接收机等;由夜视系统、电视成像系统、"长弓"雷达组成的目标探测系统,能完成对目标的实时探测、识别、分类、跟踪和交接,并通过综合头盔显示器,能在昼/夜复杂气象条件下,向驾驶员提供作战数据和战场图像。主要武器配备为机头下方有一旋转炮塔,内装 1 门 3 管 20 毫米口径航炮,备弹 500 发;机身两侧各有一个可收放的包藏式武器舱,内装 3 枚"海尔法"反坦克导弹或 6 枚"毒刺"空对空导弹,或其他武器;短翼下面的武器挂架可挂 4 枚"海尔法"反坦克导弹或 8 枚"毒刺"空对空导弹。该机旋翼直径 11.90 米,机长 14.28 米,机高 3.37 米,机宽 2.04 米;空机重量 3522 千克,最大起飞重量(主要任务)5799 千克,最大水平飞行速度 324 千米/小时,垂直爬升率 7.2 米/秒,航程(带外部油箱)2334 千米,续航时间 2 小时 30 分钟。

NH-90 武装直升机

该直升机是法国、德国、意大利与荷兰四国联合研制的双发反潜反

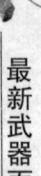

舰直升机。1995年12月18日原型机首飞。按设计要求,该机具有超视距导向目标攻击能力、防空作战能力及对来自空中反舰导弹的探测能力等。

NH-90直升机,单旋翼(4片桨叶)带尾桨(4片桨叶)常规布局,并列式双人驾驶舱,机舱最多可乘20名全副武装的士兵。机身按隐身和抗坠毁要求设计,并采用了大量的复合材料,前三点可收放轮式起落架。动力装置为2台RTM 332-01/09型涡轮轴发动机,起飞功率2×1566千瓦。机上除配备常规仪表、通信和导航设备外,还有MIL-STD-1553B数据总线、四余度电传操纵装置、具有识别功能的目标监视雷达、气象雷达、微波着陆系统及多功能彩色显示器等。

NH-90武装直升机

主要武器配备为:空舰导弹(重量超过700千克)、反潜鱼雷,必要时还可携带空空导弹。该机旋翼赢径16.30米,尾桨直径3.20米,机宽4.37米。机高4.103米;空机重量6428千克。任务起飞重量9100千克;最大巡航速度291千米/小时,有地效悬停高度3300米,无地效悬停高度2600米,转场航程1100千米,续航时间5小时5分钟。

中国直-9武装直升机

该直升机是中国哈尔滨飞机制造公司生产的双发多用途武装直升机。主要用于反坦克和对地火力支援作战,1994年完成定型试验。具有震动小、噪音低、机动性好、巡航速度快、有效载荷大、操纵灵活等特点。

中国直-9武装直升机

中国直-10武装直升机

该直升机是中国自主开发研制的第一款专用型武装直升机,以反坦克作战为主要任务,具有优异的作战性能,技术含量高,火力强大,航电系统先进,其总体性能已达到国际先进水平。2003年4月,第一架原形机试飞成功,目前仍处于试飞阶段。

中国直-10武装直升机

第六章 导弹

第一节 概述

导弹(missile)是指依靠自身动力推进,由制导系统控制飞行并能导向目标的武器。装备陆、海、空军等各作战部队,是对敌作战的主要兵器之一。

分类

按发射点与目标位置,分为地地导弹、地空导弹、舰空导弹、空地导弹、空舰导弹、空空导弹、岸舰导弹、舰舰导弹、舰潜导弹、潜潜导弹、潜舰导弹、潜地导弹、潜空导弹等。

地地导弹、地空导弹、空地导弹、空空导弹、潜地导弹、岸舰导弹等

按打击对象,分为反舰导弹、反潜导弹、反飞机导弹、反坦克导弹、反雷达导弹(亦称反辐射导弹)、反卫星导弹和反弹道导弹导弹等。

按作战任务,分为战略导弹和战术导弹等。

按飞行轨迹,分为弹道导弹和巡航导弹。

按弹头类型,分为常规导弹和巡航导弹。

此外,还可以按导弹射程、发射平台、推进剂类型等进行分类。

组成

导弹通常由弹头、推进系统、制导系统和弹体4部分组成。弹头,又称战斗部,是导弹毁伤目标的专用装置。推进系统由发动机和推进剂供应系统两部分组成,核心是发动机,用于保障导弹有必要的飞行速度、高度和射程。制导系统,按一定导引规律将导弹引向目标的各种装置的总称。有自主式(如:惯性制导、星光制导、地形匹配制导等)、寻的式(如:无线电寻的制导、红外寻的制导、激光寻的制导等)、遥控式(如:有线指令制导、无线电指令制导、电视遥控制导、雷达波束制导等)和复合式(如:自主－寻的制导、自主－遥控制导、自主－遥控－寻的制导)4种主要制导方式。弹体,用于构成导弹外形,连接和安装导弹上各分系统,承受弹上全部载荷的整体结构。导弹与其发射装置及弹外设备等共同构成导弹武器系统。

简史

导弹是在火箭、飞行、制导等技术基础上逐步发展而成。第二次世界大战期间,德国率先研制成功Ｖ－1和Ｖ－2导弹,并于1944年6～9月首次用于袭击英国首都伦敦和盟军占领的欧洲城市。这是世界上最早的地地巡航导弹和地地弹道导弹。大战后期,德国又研制出"龙胆草"地空导弹、Ｘ－7反坦克导弹、Ｘ－4有线制导空空导弹和HS293空舰导弹,但是,还没等它们发挥作用,德国便战败投降。这些原始导弹尺寸大、噪声高、可靠性差。尽管如此,一些军事大国还是从Ｖ－1和Ｖ－2导弹的使用中受到启发,意识到导弹对未来战争的重要作用,纷纷斥巨资发展导弹。20世纪50年代,导弹得到大规模发展,陆续出现了舰空导弹、舰舰导弹、空地导弹、潜舰导弹;但是,这一时期的导弹飞行速度慢、制导精度差、命中概率低。60~70年代,由于科学技术的进步和战争需求的拉动,使导弹进入了改进性能和提高质量的全面发展时期,出现了由潜艇发射打击陆上目标的潜地战略导弹和从海岸发射攻击舰艇的岸舰导弹。弹头数量已经从单一弹头发展为集束式多弹头和分导式多弹头;制导方式也有大的发展,出现了电视、红外等末制导技术,以及惯性－天文、惯性－GPS、惯性－地形匹配等先进的复合制导技术;出现了真正意义上的"发射后不管"导弹,导弹的突防能力和命中精度大大提高。70年代以后,导弹进入全面更新换代的新阶段。一些机动性能好、生存能力强、可靠性能高的性能先进的导弹纷纷涌现。采用机动式多弹头的战略导弹开始部署。随着新材料、微电子、计算机、航空航天等高新技术发展,以及现代战争的需要。

　　至20世纪末,世界上已有近30个国家和地区能自行设计、制造导弹,型号800余种,有近百个国家和地区的部队装备有导弹。导弹已发展成为射程远、速度快、种类多、用途广、命中精度高、毁伤威力大、更新换代周期短、技术含量高的主战武器。在现代战争中,在高技术兵器不断发展的条件下,导弹仍将是打击和保卫以系统为中心的指挥决策机构和严密设防的高价值目标的主要武器。

第二节 地地导弹

俄罗斯"短号"反坦克导弹

该导弹是俄罗斯的轻型第三代反坦克导弹,由俄罗斯图拉仪器设计制造局研制,1994年10月首次亮相,代号为AT-X-14,用于取代有线制导的第二代AT-5"竞赛"式反坦克导弹。俄罗斯生产和装备了大量的"短号"反坦克导弹,并部分出口叙利亚。

该导弹是一种威力强大的多用途突击武器,主要装备团级以下部队。它既可以搭载在越野汽车、装甲车和坦克上使用,也可在地面上发射,不仅用来对付具有披挂反应装甲的新型主战坦克,而且可用来攻击各类野战工事。该导弹弹径152毫米,采用鸭式布局,前面有2片可以折叠的鸭式舵,弹体为圆柱形,尾部有4片折叠式梯形稳定翼。其动力装置由1台起飞发动机和1台续航发动机组成,起飞发动机把筒装导弹推出发射筒后,续航发动机便开始工作,使导弹获得

俄罗斯"短号"反坦克导弹系统

最大飞行速度240米/秒。导弹最小射程100米,最大射程5 500米,夜间最

大射程3 500米。为了对付不同的目标,"短号"反坦克导弹配备了2种战斗部,即9M133-1反坦克战斗部和9M133F-1多用途战斗部。

美国"掠夺者"反坦克导弹

该导弹是美国劳拉尔航空公司研制的单兵便携式、全天候、多功能的近程反坦克导弹。20世纪90年代初研制,1998年装备美国海军陆战队。用于摧毁主战坦克、装甲车、野战工事和地堡等。既可从顶部攻击坦克顶装甲,也可从侧方攻击坦克披挂的反应装甲。该导弹是美军吸取1991年海湾战争的经验教训,专门为海军陆战队研制的能攻击多种目标的轻型反坦克导弹。每枚导弹售价低于4000美元。

"掠夺者"导弹,采用尾翼式气动布局,弹体呈圆柱形,弹头部呈卵形,尾部装有可折叠尾翼。弹长0.860米,弹径140毫米,导弹系统全重9.1千克,有效射程17~750米,最大飞行速度300米/秒。由导引头、战斗部、控制舱、发动机等舱段组成。导引头内装目标探测头和激光器,战斗部安装有光学和磁性双作用引信,采用聚能装药和自锻破

"掠夺者"反坦克导弹

片相结合的复合战斗部,垂直于弹体配置,便于在目标上空攻击坦克顶部装甲。还可装配其他类型战斗部。推进装置为两级固体火箭发动机。采用光学瞄准和惯性自动驾驶仪制导,控制舱内装惯性测量传感器、自动驾驶仪和程序处理器。由单兵肩扛发射,导弹装在发射筒内,发射筒上装有击发装置、光学瞄准镜和防护板等。可以发射后不管。

印度"大地"地地导弹

该导弹是印度国防研究与发展研究所研制的单级液体地地近程战术弹道导弹。1988年2月首次试验，1995年装备部队。主要用于攻击机场、指挥中心、后勤中心、雷达站等。有SS-150、SS-250和SS-450 3种型号。每枚导弹价格约5000万卢比。

SS-150导弹，弹体为长细比较小的圆柱体，头部呈锥形，弹体中部有4片呈"×"形配置的梯形弹翼。伞长9米，弹体最大直径1100毫米，射程150千米（SS-250型为250千米，SS-450型为450千米），命中精度（圆概率偏差）150米（SS-250型为250米，SS-450型为450米）；有效载荷500~1000千克（SS-250型为500千克，SS-450型150千克）。采用烈性炸药爆破弹头或子母弹头，也可采用核弹头。推进装置为单级液体火箭发动机，可按不同的载荷和射程要求，对发动机进行推力调节。导弹起飞质量4吨。采用捷联式惯性制导系统。

印度"大地"地地导弹

2008年，印度又研制了"大地-2"型地地短程导弹，可携带1000千克的常规载荷或核荷载，采用辅助惯性导航发射，并具备欺骗反弹道导弹的能力。

中国红箭-9型反坦克导弹

该导弹是我国自行研制的第三代反坦克导弹，1999年国庆阅兵中首次出现。该导弹是一种射程远、威力大、精度高、抗干扰能力强、昼夜使用、便于快速机动作战的轮式装甲车载反坦克武器装备，可伴随机械化部队一起行动，随时打击出现的坦克等装甲目标。

该导弹的战斗部采用串联空心装药战斗部，前置空心装药用来破坏目标披挂的爆炸反应装甲，主装药可击穿裸露的目标主装甲，反坦克装甲效果较好。

动力装置由起飞发动机和续航发动机组成，飞行能力较强。"红箭"9反坦克导弹具有较强的抗干扰能力，可克服战场上烟、雾、火光和背景的干扰，也可对付敌人的主动干扰。"红箭"9反坦克导弹武器系统的发射制导装置由反坦克导弹发射筒、热像仪、电视测角仪和激光传输器等部分组成。

中国红箭-9型反坦克导弹

发射制导装置采用了光学瞄准、发射筒发射、电视测角、激光指令传输、三点导向和数字化控制技术。发射后，射手要做的只是始终将瞄准线对准目标，制导装置自动发出激光指令，控制导弹飞向目标。

"红箭"9反坦克导弹武器系统，可安装在多种发射平台上机动。如履带式车辆、轮式装甲人员输送车、军用卡车、直升机和舰艇等。

最新武器面面观

第三节　地空导弹

美国"复仇者"防空导弹系统

该导弹系统是美国波音公司和陆军联合研制的一种新型近程低空防空系统,主要装备美陆军和海军陆战队。

该系统将两个四联装"毒刺"导弹发射装置安装在多用途车辆 M998 "悍马"上,并配有红外及光学探测跟踪系统,具有迎击目标能力,用于摧毁近距离飞机和直升机。"复仇者"导弹系统在 1989 年完成了一个两阶段初期作战测试与评估:第 1 阶段由在亨特·利格特堡捕获和跟踪试验组

"复仇者"防空导弹系统

成;第 2 阶段由在白沙导弹靶场"毒刺"导弹发射所组成。1990 年 2 月 28 日,"复仇者"导弹系统被美国防部作战试验与评价处提交"启动－低速初始生产"申请到国会。1999 年,美国陆军选择用于未来生产的"复仇者"防空单位升级零配件,大幅地增加导弹系统的有效性。在 2001 年 4 月进行首次升级测试发射,证实提供给"毒刺"导弹超视距交战能力。经过升级的系统在 2002 年进入服役。在未采用"旋转到提示"子系统前,"复仇者"防空导

172

系统被列为视距内近程防空系统行列，新系统给"毒刺"导弹赋予了超视距交战能力。

"复仇者"防空导弹系统曾在沙漠风暴和巴尔干半岛行动期间部署。海湾战争中，美陆军针对伊拉克军队装备大量苏制飞机情况，将陆军装备的70余套"复仇者"中的38套部署在驻沙特阿拉伯美军部队，其中第1骑兵师装备了32套，第3装甲骑兵师装备了6套。在沙漠环境中，该系统表现了良好的耐高温、抗风沙性能。

日本SAM中程地空导弹

该导弹系统也称为03式中程地空导弹，主要用来替换已服役多年的美国"霍克"防空导弹，并与"爱国者"、81式近程防空导弹系统、"凯科"91和"凯科"93一同组成日本的陆基防空反导网。通过这些防空导弹的配合使用，日本拥有良好的防空能力，可拦截多种目标。日本于2001财年内在美国新墨西哥州白沙导弹靶场进行首次实弹试验，2002财年完成作战适用性试验，2003财年开始投资进行初始生产。2006年装备部队。Chu-SAM的射程在25-50千米之间。最大拦截高度为10千米，导弹的最大飞行速度为2.5马赫。Chu-SAM还具有超视距作战能力，可部署在日本本土特色的山地地区使用。导弹配用单级固体火箭发动机，发动机有推力矢量系统，先进的战斗部配有近炸和触发引信。

日本新型Chu-SAM中程地空导弹系统

该导弹采用了先进的复合制导体制,具有良好的抗光电干扰能力。导弹飞行中段采用定向指令制导,并具有数字地图目标轨道预测能力。雷达寻的和成像寻的结合可使来袭目标难以通过释放干扰而逃脱跟踪。Chu-SAM 导弹系统每个火力单元包括 4 辆发射车、1 部多功能相控阵雷达、1 个指挥控制中心和 1 个火控站。每辆发射车上装有六联装发射系统,导弹封装在运输、发射一体的发射箱内。每个防空群有 4 个或 5 个火力单元。

印度"阿卡什"地空导弹

该导弹是印度研制的全天候中高空中程地空导弹。主要用于拦截来袭的中高空高速机动飞机及近程战术导弹。1996 年装备部队,小批量生产,到 2000 年生产约 2718 枚导弹。

"阿卡什"的导弹总体布局与苏联 SA-6 导弹相似,呈旋转弹翼气动布局。弹长 7.5 米,弹径 401 毫米,发射质量 600 千克,最大飞行速度 3 马赫。最大射程 27 千米,最大射高 22 千米。采用破片杀伤式

印度"阿卡什"地空导弹

战斗部和近炸引信。推进装置为 1 台固体火箭助推器和 1 台冲压主发动机。采用半主动雷达导引加主动雷达寻的制导体制。与六联装导弹发射架、三坐标相控阵雷达、发射指控中心,一起组成"阿卡什"地空导弹武器系统。三坐标相控阵雷达可同时处理多批 25~30 千米以外的飞行目标;发射指挥中心可同时指挥多枚导弹攻击同一目标和多个目标。该导弹武器系统能对付多目标,抗干扰能

力强,机动性能好,既可从移动车上发射,也可在固定发射台上发射。其制导系统和战斗部稍加改进后,即可具备反战术弹道导弹能力。

中国"飞蠓"80 地空导弹

该导弹是中国研制的全天候、低空、超低空地空导弹。20 世纪 80 年代末开始生产和装备。与搜索指挥、发射制导和支援维护装备等一起组成"飞蠓"地空导弹武器系统。主要用于点目标和部队集结地等军事要害部门对空防御,亦可与其他地空导弹、高射炮组成防空体系进行区域防空,能有效对付各种高性能战斗机、轰炸机、武装直升机和巡航导弹的攻击。

"中国飞蠓"80 地空导弹

中国 P12 近程弹道导弹

该导弹是我国研制的双联装导弹系统,2008 年在珠海航展首次展出。使用了专门设计的 6×6 轮式运输起竖发射车(TEL)。其弹头经过隐形设计,能有效规避敌方的导弹防御系统。其制导系统使用终端导航卫星制导,确保了高精确度。其射程为 150 千米,可以携带一枚 450 千克的高爆弹或集束弹头。

新型 P12 近程弹道导弹系统

第四节 空空导弹

"彩虹"-T 空空导弹

该导弹是德国、挪威、瑞典、意大利等国联合研制的红外制导近程空空导弹。2004年前完成研制。主要用于近距格斗。特点是具有全向空中格斗能力。首批计划生产900枚，主要装备"狂风"、EF2000、F-16、F/A-18等作战飞机。

"彩虹"-T 空空导弹的外形布局比较特殊，4个扰流片固定在导弹头部，弹体中部为窄长条形弹翼，尾部有4小片控制舵。弹长3.0米，弹径127毫米，翼展0.35米，发射质量90千克，最大攻击距离为12千米。采用主动雷达近炸引信和质量为11.4千克的破片战斗部。推进装置为固体火箭发动机，其初始推力较小，可使离轴发射的导弹以较低的速度进行急转弯，而后加速攻击目标。采用红外成像导引头，其探测器为多元交错排列锑化铟阵列，工作波段为3~5微米，导引头具有±90°离轴跟踪能力，抗红外干扰能力超过现有"响尾蛇"系列导弹，可在导弹发射前或发射后锁定

"彩虹"-T 空空导弹

目标,控制系统采用推力矢量和气动控制相结合的方式。

美国 AIM–120C7 空空导弹

该导弹是美国在 AIM–120 基础上的研制的最新改进型,2004 年下半年研制成功,2009 年 2 月 22 日在阿布扎比"IDEX–2009"国际武器展上展出。AIM–120C7 型导弹将是 F–22 型"猛禽"多用途隐身战斗机的主要武器。

采用了紧凑化的制导系统,其制导舱段的长度缩短了 15 厘米,导弹得以换装一台长度更长、推力更大的火箭发动机,大大提高了飞行机动性和有效射程。

到目前为止,美国仅向希腊、中国台湾地区、阿联酋提供过 AIM–120C7 导弹。未来有望获得这种先进导弹的国家还包括芬兰和韩国。

美国 AIM–120C7 空空导弹

日本 AAM–5 近距空空导弹

该导弹由日本技术研究本部研制,在经过大量的试验之后,日本自主研制的 04 式 AAM–5 近距空空导弹于 2007 年服役。AAM–5 采用的气动外形类似于欧洲的"彩虹–T"导弹。弹体中部安装有 4 片狭长的弹翼,尾部装有 4 片截梢只角形控制舵,与"彩虹–T"相比,AAM–5 的弹翼较长并更靠近前部,舵面更

日本 AAM–5 近距空空导弹

靠近尾部。制导系统是 AAM-3 导弹多波段导引头的改进型,由日本 NEC 公司研制、AAM-5 采用推力矢量控制,由弹翼提供升力以增加射程。AAM-5 采用与 AAM-4 雷达弹相同的激光近炸引信和定向战斗部。

美国 AIM-9X"响尾蛇"空空导弹

该导弹是美国休斯公司为美国空、海军研制的被动红外制导近程空空导弹。1996 年 12 月开始全尺寸样机研制。主要用于近距范围内的全向格斗空战。预计初期的采购量为 6000~10000 枚,每枚导弹价格为 16 万~20 万美元。

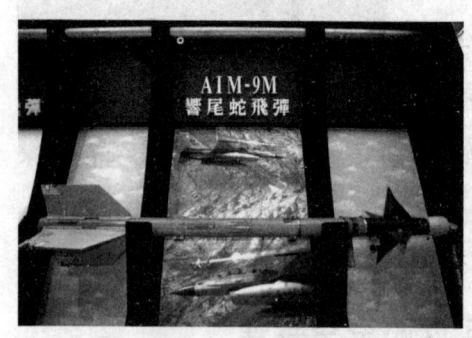

AIM-9X 导弹,采用正常式气动布局,4 片弹翼与 4 片尾翼呈"×"形布置,采用大攻角飞行,弹体也产生相当大的升力。弹长 3 米,弹径 127 毫米,翼展 0.280 米,发射质量 85 千克,最大离轴角 ±80°,最大机动过载大于 50 克。继承了 AIM-9"响尾蛇"空空导弹系列的环形爆破杀伤战斗部,在 AIM-91/9M 导弹的主动激光引信基础上改进了引信,进一步提高了抗干扰能力。推进装置为大功率固体火箭发动机。采用尾翼加喷气导流片推力矢量的复合控制形式和复合制导体制,中段为捷联式惯导,末段为红外成像制导;采用红外焦平面凝视成像导引头。

"响尾蛇"空空导弹

AIM-9X 导弹将作为美国空、海军现役近距格斗导弹 AIM-9L/M 导弹的后继弹。可挂装在所有能挂装 AIM-9"响尾蛇"导弹系列的飞机上,并可挂装在 F-22 先进战术战斗机的导弹舱内。

英国 AIM-132"阿斯拉姆"空空导弹

该导弹是英国航空航天公司和德国博登湖公司联合研制的红外制导先进近程空空导弹。1982 年开始研制,1994 年完成在"狂风"ADV 和 F-16 飞机上的挂载试验,约生产 1000 多枚。有空地型和面空型两种改进型。2001 年服役,除装备英国外,还对外出口。载机有 EF-2000、"狂风"和"鹞"式等作战飞机。"阿斯拉姆"导弹具有全天候空战和空中全向格斗能力。

英国 AIM-132"阿斯拉姆"空空导弹

"阿斯拉姆"导弹,采用无翼、无舵气动布局,只在尾部同心安装 4 片三角形控制翼片。弹长 2.9 米,弹径 166 毫米,翼展 0.45 米,发射质量 87 千克,迎头攻击距离达 15 千米。采用烈性炸药破片战斗部,配装主动雷达近炸引信和整体式触发引信;推进装置为固体火箭发动机。导引头采用 128×128 凝视焦平面阵列红外成像制冷探测器,可探测飞机蒙皮热辐射,成像分辨率高,可有选择性地向目标的某一点导引;具有 ±90° 的离轴发射能力,可在发射前或发射后锁定目标。

第五节　空地导弹

俄罗斯 Kh-101 空地导弹

该导弹是俄罗斯彩虹设计局研制的远程亚音速常规空地巡航导弹。本国代号 X-101。1992 年开始研制，1996 年进行飞机发射试验，2000 年装备部队。用于从防区外对敌纵深高价值战略目标实施攻击。是俄罗斯战略空军 20 世纪末优先研制的新型巡航导弹。载机有图-160（携带 12 枚）、图-95（携带 8 枚）、图-22（携带 4 枚）等战略轰炸机。

俄罗斯 Kh-101 空地导弹

Kh-101 导弹，其气动外形与 AS-15C 导弹相似，采用长细比较大的"一"字形单翼正常式平面布局，弹长 7.45 米，弹径 514 毫米，翼展 3.1 米，发射质量 2200~2400 千克，最大射程 2770~3000 千米，巡航速度 0.6~0.78 马赫，巡航高度最大 6000 米（发射），最小 30~70 米（巡航），命中精度（圆概率偏差）20~12 米。战斗部采用质量为 400 千克的高爆、燃烧、贯穿战斗部。推进装置为 1 台涡轮风扇发动机。制导方式为：中段采用光电航线修正惯性导系统，末段采用有匹配修正能力的电视导引头。发射方式为空中机载发射。

俄罗斯 Kh-555 型空地导弹

该导弹是 Kh-55 导弹的最新改进型，2006 年开始投入批量生产。Kh-555 不仅将增强俄军远程常规精确打击能力，而且将使俄战略核力量的地位发生一定变化。

该导弹保持了 Kh-55 的传统外形结构，其所使用的 R95-300 涡轮风扇发动机吊装在弹体后部的下方。弹长 7.45 米，弹径 514 毫米，最大发射重量 2.2 吨、飞行速度 500～1200 千米/时，可在 50～10000 米的高度飞行，射程 3000～3500 千米，弹头可携带

俄最新型巡航导弹 Kh-555

子母弹。相较于 Kh-55，Kh-555 由于采用了许多新技术，最重要的是任务设定不同，因此在导弹结构上也有所差异，且性能得到了大幅提升。

该导弹最显著的改变是其以常规弹头为主。其携带的常规装药战斗部重约 360 公斤，可选用子母弹头，未来的弹头将包括钻地、定向爆炸、碎片弹及高爆有效载荷等，其常规弹头可穿透 6.5 米厚的特种混凝土，同时也可携带核弹头。核常兼备的战斗部配置使图-95 和图-160 战略轰炸机的使用弹性得到大幅度提高。

第六节　其它导弹

美国 BGM-109B "战斧"舰舰导弹

该导弹是美国通用动力公司研制的远程、亚音速、反舰巡航导弹。1984年服役。与 BGM-109A/C/D "战斧-对陆攻击导弹一起混装于"弗尼吉亚"、"长滩"、"提康德罗加"三级巡洋舰,"斯普鲁恩斯"、"阿利·伯克"两级驱逐舰和"艾奥瓦"级战列舰上。主要用于攻击大中型水面舰艇和远洋舰队。

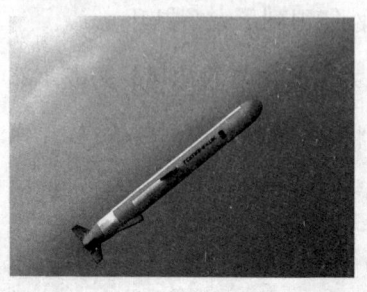

BGM-109B 导弹,采用模块化设计,弹体为长细比较大的圆柱形,头部呈半球形,中部有呈"一"形配置的平面弹翼,尾部有呈"×"形配置的折叠式尾翼。弹长6.24米,弹径527毫米,翼展2.65米,发射质量1450千克,最大射程1000千米,最

"战斧"舰舰导弹

大巡航速度0.85马赫,巡航高度中段为15～60米,末段为5～10米,命中概率90%～95%。采用质量为454千克高爆战斗部。推进装置为1台F107-WR-400双轴涡轮风扇发动机(推力2.67千牛)和1台Mk106-0型固体火箭助推器。制导方式为惯性导航加主动雷达寻的末

制导。作战使用时，利用来自海洋监视卫星、7K下声呐设备和海上巡逻机等探测设备提供的多路信息和通过岸上信息处理中心提供的超视距目标探测识别和瞄准数据，适时发射导弹。发射装置有两种：一为MIk44~2型装甲箱发射器，倾斜发射；二为MIk41模块化垂直发射系统，8个模块组成一个系统，共装61枚导弹。

与BGM-109B同期发展的反舰导弹还有UGM-109B潜舰导弹，部署在美国海军的"洛杉矶"、"海狼"、"鲸鱼"等攻击潜艇上。两型导弹的气动布局、系统结构、基本性能基本相同，只是发射方式不一样。UGM-109B潜舰导弹在"洛杉矶"上采用Mk45型12管垂直发射系统发射。

美国"标准"Ⅲ(SM-3)反弹道导弹

该导弹由雷西恩公司研制，是美国海基战区导弹防御系统(TMD)的重要一环，用来拦截中、远程弹道导弹。该型沿用SM-2 BlockⅣ型的弹体和发动机；改装了第3级发动机以及加装全球定位/惯性导航系统，拦截方式则采用波音公司研制的"动能拦截弹头"(LEAP)直接撞击目标。美国海军计划在"宙斯盾"舰艇上部署弹道导弹防御系统。2004年完成拦截试验，2005年交付使用以满足"宙斯盾"弹道导弹防御系统部署的需求。SM-3 Block IA型

美国"标准"Ⅲ(SM-3)反弹道导弹

导弹提高了导弹的可靠性和保障性,同时降低了导弹的成本。该导弹还在进一步研发改进中。

中国"海上屠夫"YJ-83反舰导弹

该导弹是我国解放军海防导弹研究院研制的,1999年在国庆阅兵时亮相。该导弹又称为C-803,是一种低超音速掠海反舰导弹,被称为"海上屠夫",它也被解放军称为是"争气弹"。据外媒专家说,YJ-83还有在飞行中接受目标信息的能力。

中国"海上屠夫"YJ-83反舰导弹

中国台湾"雄风"2反舰导弹

该导弹是中国台湾中山科学院导弹火箭部发展的中程、亚音速、多用途巡航式反舰导弹。在"雄风"1导弹基础上发展而成。20世纪80年代初开始研制，1988年交付使用，装备"成功"级导弹护卫舰等作战舰艇。用于攻击驱逐舰、护卫舰等大型战舰。至1993年底，已生产642枚。每枚导弹价格为82.1万美元。舰舰型为基本型，由飞机发射的空舰型和装备在潜艇上的潜舰型尚在研制中。

中国台湾"雄风"2反舰导弹

"雄风"2导弹的外形与美国的"捕鲸叉"反舰导弹相似，细长圆柱形弹体，卵形头部，弹体中部有4片呈"×"形配置的不规则梯形弹翼，弹体尾部有4片呈"×"形配置的三角形控制尾翼。弹体前段脊背上有一凸出的背鳍。弹长3.9米，弹径350毫米，翼展0.9米，发射质量500千克，射程80千米，巡航速度0.85～0.90马赫。采用质量为180千克的半穿甲爆破型战斗部。推进装置为1台小涡轮喷气发动机和1台围体火箭助推器，呈串联配置。制导方式，飞行中段为惯性制导，末段为主动雷达和红外成像双模寻的制导。作战使用时，视距内的目标由舰上雷达测定，视距外的目标由超视距目标指定系统测定。发射装置，采用玻璃纤维材料制成的双联装或四联装发射箱，发射箱安装在一个转动的平台上。

俄罗斯"白杨 – M"洲际弹道导弹

该导弹是俄军1997年研制定型的陆射型洲际弹道导弹,是俄罗斯现役陆射型战略导弹中最先进的一种。不仅能以超音速按弹道导弹轨迹飞行,还可在大气层中自由改变飞行轨道,按所需高度和轨迹进行纵深机动,能十分准确地摧毁目标。同时,新系统具有超强的机动能力,能够躲开敌方导弹防御系统的拦截。据称,该导弹是美国"NMD"的最大"克星",并可突破未来25 – 30年内任何导弹防御系统。

俄罗斯白杨

最大飞行距离为10000公里,长22.7米,壳体最大直径1.86米,重47.1吨,弹头重1.2吨(长5.2米),但是,白杨 – M导弹有一个最大的优点:不仅可以在最短的时间内改装成多弹头的导弹,而且其分弹头还可以单独制导,这对于在距离目标100公里处分离的弹头抗击敌方的干扰信号相当有益。

俄罗斯"圆锤"潜射战略核导弹

该导弹借鉴了"白杨 – "M型陆基洲际弹道导弹的研制经验,具有突防能力强和圆概率误差较小等特点。外形与"白杨"外形相似,只是射程略微降低,为10000千米。发射重量略低于"白杨","白杨"导弹的发射重量为47.1吨,估计"圆锤"的发射重量接近40吨。

采用三级火箭助推,使用固体燃料作为推进剂,在接到发射命令后数分钟之内便可以发射。载荷为一枚55万吨TNT当量的核弹头，为了能够突破美国的BMD弹道导弹防御系统，俄罗斯在设计弹头时采取了多项措施，如加装防辐射及电磁干扰的防护罩，增加诱饵装置等。

"圆锤"潜射战略弹道导弹的研制成功，

俄罗斯"圆锤"潜射战略核导弹

使俄罗斯的战略核打击力量大大增强，它克服了"白杨"导弹在发射的初始阶段易被美国卫星探测并遭受打击的缺陷，可以在大洋的任何位置发射，利用潜艇的隐蔽性能，实现突然的攻击。另外，新导弹的研制时间要比前几代导弹快了2～3年，这对于俄国内洲际弹道导弹制造业来说应该是个不小的奇迹。

目前，俄海军装备的固体潜射洲际弹道导弹约占海军整个潜射洲际弹道导弹6%。5年之后，随着"圆锤"新型潜射洲际弹道导弹陆续服役，俄海军装备的固体潜射洲际弹道导弹约占海军整个潜射洲际弹道导弹35%。如果说"北风之神"潜艇是俄海军战略核力量栋梁的话，那么，"圆锤"新型潜射洲际弹道导弹将是俄海军战略核力量的基石。

第七章 核化生武器

第一节 核武器

核武器(nuclear weapon)是指利用能自持进行的原子核裂变或裂变-聚变反应瞬时释放巨大能量产生爆炸作用,具有大规模杀伤破坏效应的武器。俗称核弹。

组成

核武器一般是由核战斗部及壳体等组成。核战斗部用于毁伤目标,其主体是核爆炸装置,简称核装置。核装置由核部件、炸药部件、火工品、点火部件(中子源)和其他结构部件等组成,并与引爆控制系统等组成核战斗部。壳体用于连接、保护核战斗部及制导、突防装置等部件,承载内力和外力。核弹与投掷发射系统和指挥控制系统等组成核武器系统。投掷发射系统由运载工具、投射装置及各种辅助设备等组成,用于运载、投掷、发射核弹。指挥控制系统通常由指挥控制中心的计算机信息处理、显示、监控等设备组成,用于充分发挥核弹的效能和作战功能。

分类

核武器按原理结构分为原子弹、氢弹和特殊性能核武器(如:中子弹、增强 X 射弹、冲击波弹、核电磁脉冲弹等)。

按投掷发射系统分为核导弹、核炸弹、核炮弹、核深水炸弹、核鱼雷和核地雷等。

按作战使命分为战略核武器和战术核武器等。

还可按爆炸威力进行分类。

衡量核武器的主要指标是比威力,即威力与质量的比值。核武器在不同介质中和不同高度(或深度)爆炸时,外观景象和杀伤破坏效应差别很大。因此,核爆炸方式的选择要根据作战任务、目标性质、地形和气象条件等因素确定。核爆炸方式通常分为空中、地面、地(水)下和高空核爆炸等。

原子弹 　　　　　　　　　氢弹

空中核爆炸是指爆心在海平面以上不足 30 千米,且核爆炸火球不接触地面的核爆炸,可杀伤暴露和隐蔽在野战工事内的有生力量,摧毁地面和浅地下目标,对地面放射性沾染较轻。

地面核爆炸是指核爆炸火球与地面接触的核爆炸,可杀伤工事内的人员和摧毁地面坚固的或浅地下较坚固的目标，在爆区和云迹区可造成严重的地面放射性沾染。

水下核爆炸是指在水面下一定深度的核爆炸，所产生的强基浪和强水柱，可破坏舰船、港口等重要目标，巨浪中含有大量的放射性物质，会造成水域严重污染。

地下核爆炸是指地面下一定深度的核爆炸，可摧毁地下离爆心近处坚固的重要工程设施，如地下指挥中心、导弹发射井等，也可堵塞重要关卡、隘路。

高空核爆炸是指爆心高于海平面30千米以上的核爆炸，可摧毁一定空域内的卫星、导弹等飞行器，破坏指挥自动化系统。

核武器在地面上爆炸时，主要产生冲击波、光辐射、早期核辐射、放射性沾染和核电磁脉冲等5种毁伤效应。

冲击波对目标的毁伤效应，主要是超压和动压所引起的直接破坏及间接破坏效应，威力在万吨梯恩梯当量级以上的空中和地面核爆炸，冲击波可在较大范围内起毁伤作用。

中子弹

光辐射对目标的毁伤效应，对人员主要是烧伤和"闪光致盲"；对建筑物和其他物体主要是热效应，其所引起的火灾可造成大范围的破坏。

早期核辐射对目标的毁伤效应，是指核爆炸头十几秒内发射出的对物质具有极强穿透力的各种粒子和射线，其中主要是中子和射线，对生物体、电子器件及其他物体所造成的损害。

放射性沾染对目标的毁伤效应，包括核爆炸产生的放射性裂变产物与核辐射激活的感生放射性物质所具有的 γ 和 β 放射性，对地域和人员所造成的沾染和伤害。

核电磁脉冲对目标的毁伤效应，是指核爆炸向外辐射的强电磁脉冲与周围介质相互作用，所产生的瞬态电磁场对大范围、远距离的等电子系统所造成的永久性损坏或暂时性失效。

威力相同的核爆炸，核电磁脉冲效应的强度随爆高不同差别很大，高空核爆炸产生的核电磁脉冲效应最强，作用的范围最广，可攻击离爆心数千千米远的目标。

简史

核武器的出现，是 20 世纪 40 年代前后科学技术重大发展的结果。1938 年 12 月，O. 哈恩和 F. 斯特拉斯曼发现了铀原子核裂变现象，为人类开发利用核能开辟了广阔前景。

1939 年 8 月，A·爱因斯坦写信给美国总统 F·罗斯福，建议研制原子弹。10 月，罗斯福决定成立"铀委员会"。1942 年 8 月，美国政府实施"曼哈顿工程"研制核武器计划。于 1945 年 7 月 16 日进行了首次原子弹爆炸试验，8 月 6 日和 9 日先后在日本的广岛和长崎投下了"小男孩"和"胖子"2 颗原子弹。此后，苏联于 1949 年 8 月 29 日，英国于 1952 年 10 月 3 日，法国于 1960 年 2 月 13 日，中国于 1964 年 10 月 16 日，印度于 1974 年 5 月 18 日，南非于 1979 年 9 月 22 日，巴基斯坦于 1998 年 5 月 28 日先后进行了首次原子弹爆炸试验。

1952 年 11 月 1 日，美国进行了以液态氘为热核材料的氢弹原理试验。1954 年 3 月 1 日进行了以氘化锂为热核材料的氢弹空中爆炸试验。苏联于

1955年11月22日，英国于1958年4月28日进行了氢弹试验，1966年12月28日，中国成功地进行了首次氢弹原理试验。经过几十年的发展，氢弹在爆炸威力、比威力及小型化上都取得了重大进步，达到了很高的水平，且在爆炸威力和小型化上已接近极限。美、苏两国在20世纪50年代至70年代都先后研制过爆炸威力达数千万吨梯恩梯当量的氢弹。如：苏联70年代研制的SS-18"撒旦"地地洲际弹道导弹Ⅰ型，采用单个核弹头（氢弹），爆炸威力高达2500万吨梯恩梯当量。又如：美国80年代初研制的"和平卫士"地地洲际弹道导弹，共采用10个Mk21分导式核子弹头（氢弹），每个核子弹头重仅194千克，爆炸威力却高达475千吨梯恩梯当量。已研制尺寸最小的氢弹有美国的中子弹，它可以用203毫米或155毫米的榴弹炮来发射。至90年代中期，世界上只有美、俄、英、中、法5个核大国用氢弹装备了部队。至90年代末，各核国家所装备的氢弹多数为普通氢弹。

美国于1959年开始利用氘氚原子核聚变反应所释放的能量开始研制中子弹，1962年进行中子弹试验，1963年获得成功。1981年8月，美国开始生产和储存中子弹。如，为陆军"长矛"导弹研制的W70战斗部和为陆军203毫米榴弹炮炮弹研制的W79战斗部（爆炸成力0.8千吨梯恩梯当量）。法国和苏联也曾经试验过中子弹。中国已于20世纪80年代掌握了中子弹技术。

20世纪60年代，随着核弹小型化技术的发展，比威力有了显著提高。70年代，美、苏两国在致力提高核武器的生存能力、突防能力、命中精度，及其可靠性、安全性的同时，也在积极发展具有特殊毁伤作用的特殊性能核武器。到80年代末期，美、苏两国共拥有核弹5.4万余枚，占全世界核弹总数的90%以上，总爆炸威力约为150亿吨梯恩梯当量。

随着核军备控制形势发展，美、苏（俄）两国达成数项削减核武器的协议。截至 2000 年底,美国部署的核弹头仍有 7000 多枚,俄罗斯的核弹头有 6000 多枚。加上库存核弹数,美国拥有核弹 10500 枚,俄罗斯拥有核弹 20000 枚。

但是,在核裁军声势渐起之际,2008 年以来又出现了发展新型核武器的势头。美国继续翻新现有核武器,并积极发展新型"可靠替换弹头";俄罗斯加快"三位一体"战略核力量的建设,包括加速"白杨 – M"洲际核导弹的生产部署,完成"台风"级核潜艇的导弹配装测试;法国在精简空基核力量的同时积极更新战略核武器,走核武器"精兵"道路;印度成功进行水下弹道导弹发射试验,为其国产核潜艇的服役做准备。

发展趋势

核武器未来的发展是不断改进核武器的可靠性和安全性;致力于研制用核爆炸所释放的能量转换成某种定向能的核定向能武器(如:核爆激励 X 射线激光武器等);研制高精度、低威力、具有更高突防能力的核武器。

第二节 化学武器

化学武器(chemical weapon)是指以毒剂的毒害作用杀伤有生力量的武器。化学武器在使用时,借助于爆炸、热气化、压力等作用,将毒剂分散成蒸气、气溶胶、液滴或粉尘状态,使空气、地面、水、物体以及人员等染毒,致使人员中毒而伤亡。化学武器属于大规模毁伤性武器,用以杀伤、疲惫敌方有生力量,迟滞、困扰敌方军事行动。

分类

化学武器按毒剂分散原理可分为：爆炸分散型化学武器、热分散型化学武器和布洒型化学武器。

爆炸分散型化学武器，利用高能装药爆炸产生的热和压力将毒剂分散成蒸气、气溶胶、液滴等战斗状态，如化学炮弹、化学火箭弹、化学航空炸弹、导弹化学弹头、化学地雷等。

热分散型化学武器，利用烟火剂或火药燃烧产生的热能使毒剂蒸发或升华形成气溶胶等战斗状态，如毒烟罐、毒气弹、化学手榴弹、毒剂气溶胶发生器等。

布洒型化学武器，利用压力将毒剂分散成气溶胶、液滴或微粉等战斗状态，如化学航空布洒器、布毒车、毒粉撒布器等。

特点

与常规武器相比，化学武器具有以下特点：①杀伤途径多。染毒空气可经眼睛接触、呼吸道吸入、皮肤吸收使人中毒；毒剂液滴可经皮肤渗透中毒；染毒食物和水可经消化道吸收中毒。②杀伤范围广。毒剂云团能扩散到很大范围，而且能渗入不密闭的建筑物内部。③杀伤作用时间长。毒剂的杀伤作用可延续几分钟、几小时，有的可达几天、几十天。④杀伤作用的选择性大。化学武器不破坏武器装备、建筑物等物体，只能杀伤有生力量，可根据军事目的和目标性质而选用不同性能的化学武器。⑤使用效果受气象、地形条件的影响较大。如大风、大雨、大雪或空气对流等情况，会严重削弱其作用效果，甚至限制其使用。

防护措施

根据化学毒剂的作用特点和中毒途径，防护的基本原理是设法把人体与毒剂隔绝。同时保证人员能呼吸到清洁的空气,如构筑化学工事、器材防护(戴防毒面具、穿防毒衣)等。

防毒面具分为过滤式和隔绝式两种,过滤式防毒面具主要由面罩、导气管、滤毒罐等组成。滤毒罐内装有滤烟层和活性炭。滤烟层由纸浆、棉花、毛绒、石棉等纤维物质制成,能阻挡毒烟、雾,放射性灰尘等毒剂。活性炭经氧化银、氧化铬、氧化铜等化学物质浸渍过,不仅具有强吸附毒气分子的作用,而且有催化作用,使毒气分子与空气及化合物中的氧发生化学反应转化为无毒物质。隔绝式防毒面具中,有一种化学生氧式防毒面具。它主要由面罩、生氧罐、呼吸气管等组成。使用时,人员呼出的气体经呼气管进入生氧罐,其中的水汽被吸收,二氧化碳则与罐中的过氧化钾和过氧化钠反应,释放出的氧气沿吸气管进入面罩。

简史

化学武器自第一次世界大战被大规模使用后,受到全世界舆论的强烈谴责,许多国家签订禁止使用化学武器协议,但化学武器的发展和使用从来未停止过。1935年意大利在侵略埃塞俄比亚战争期间,1931～1945年日本在侵略中国战争中,1951～1953年美国在朝鲜战争期间,1962～1968年美国在越南战争中,1980～1988年伊朗和伊拉克的两伊战争中,都曾大量使用化学武器。为全面禁止和彻底销毁化学武器,1992年11月30日联合国大会通过《关于禁止发展、生产、储存和使用化学武器及销毁此种武器的公约》,1997年4月29日生效,无限期有效。至此已有包括中国在内的165个国家正式签约。

第三节　生物武器

生物武器(biological weapon)是指利用生物战剂杀伤有生力量和毁坏植物的武器。包括装有生物战剂、生物战剂媒介、生物弹药和施放装置以及使用这些弹药和装置的专用设备等。生物武器施放的生物战剂,能通过呼吸道、消化道、皮肤和黏膜侵入机体,使人、畜发病或死亡,还能大面积毁坏农作物和植被,是一种大规模毁伤性武器。

分类

生物武器按生物战剂分散原理分为爆炸型生物武器、喷雾型生物武器和喷粉型生物武器。生物弹药主要有:生物炮弹、生物航空炸弹、生物导弹弹头和生物布洒器。

特点

①面积效应大。一架飞机所载生物战剂的杀伤面积可达数百至数千平方千米。②具有传染性。有些生物战剂(如鼠疫杆菌、霍乱弧菌、马尔堡病毒、伊博拉病毒等)能从受染病人体内排出而感染周围环境,可造成疾病流行。③具有专一性。生物武器只对人、畜和农作物,而不破坏武器装备、建筑物等。④危害时间长。危害时间一般为数小时,在一定条件下,有些生物战剂的危害时间可达数周至数年。⑤受自然因素影响大。如温度、湿度、日光、风力等气象因素对生物战剂影响较大,其使用后的效果不易预测和控制。

简史

生物武器的发展经历了漫长的历史过程。古代战争中常发生因传染病流行而造成军队减员，导致军事行动失利的事件。20世纪初至第二次世界大战前，德国最早研制生物武器，研制可使人、畜致病的炭疽杆菌、马鼻疽杆菌和鼠疫杆菌等生物战剂。第二次世界大战期间，日本在中国组建了编制达3000余人的研制生产生物武器的机构"731部队"，生产了鼠疫杆菌、炭疽杆菌、霍乱弧菌、伤寒、结核、破伤风杆菌等，还研制出8种以上的生物战剂施放装置。从1939年至1944年，侵华日军在中国浙江、河南、河北、山东、山西、湖南、江西等地多次使用生物武器。德国于1943年建立了生物武器研究所，研究利用飞机喷洒细菌悬液。美国从1941年开始研究生物武器，1943年4月在马里兰州建立了规模庞大的狄特里克生物研究中心，1944年又在犹他州达格威试验基地建立了生物武器试验场。英国于1940年在波顿的化学战研究机构中成立了微生物研究所。1942年在格林纳德岛上以小型航弹、炮弹施放炭疽芽孢。1948年建立了独立的微生物研究所。

第二次世界大战结束后至20世纪70年代，生物武器又有了很大发展。生物战剂的种类大大增加，除细菌外，还有病毒、立克次体、衣原体、真菌及某些生物毒素。施放方式以气溶胶为主，研制了多种装填生物战剂的炮弹、航空炸弹、导弹弹头及各种形式的喷洒器和分散系统。运载系统除飞机外，还有火箭、导弹，大大提高了生物武器的杀伤力和杀伤面积，增加了对生物武器侦察，方式以气溶胶为主，研制了多种装填生物战剂的炮弹、航空炸弹、导弹弹头及各种形式的喷洒器和分散系统。运载系统除飞机外，还有火箭、导弹，大大提高了生物武器的杀伤力和杀伤面积，增加了对生物武器侦察、检疫和防护的难度。在朝鲜战争中，以美国为首的"联合国军"在朝鲜北部和中国东北地区曾大量使用生物武器,据不完全统计,截止1953年7月,美军使用生物武器袭击近3000次,使用方式主要是用飞机撒布带菌昆虫、动物及其他杂物,还多次进行生物战剂气溶胶攻击。使用的生物战剂有鼠疫杆菌、霍乱弧菌及炭疽杆菌等10多种。

为全面禁止和彻底销毁生物武器,1971年12月16日联合国第26届大会通过《禁止生物武器的公约》。1975年3月26日生效,无限期有效。至1993年12月共有包括中国在内的150个国家在公约上签字。

发展趋势

随着现代生物技术的迅速发展,生物武器将致力于微生物遗传学和遗传工程的研究;将进一步利用基因重组技术、定向控制和改变生物遗传性状,以期创造出适合生物战需要的致病力更强的微生物;还将利用基因工程,使某些生物战剂大量生产,成本降低;重视并积极进行对生物武器防护的研究等。